数字时代的网络与信息安全

李俊 著

延吉·延边大学出版社

图书在版编目（CIP）数据

数字时代的网络与信息安全／李俊著. -- 延吉：
延边大学出版社，2024.8. -- ISBN 978-7-230-06996-0

Ⅰ. TP393.08

中国国家版本馆 CIP 数据核字第 2024SJ4562 号

数字时代的网络与信息安全

著　　者：李　俊

责任编辑：孟祥鹏

封面设计：侯　晗

出版发行：延边大学出版社

社　　址：吉林省延吉市公园路 977 号　　　　邮　　编：133002

网　　址：http://www. ydcbs. com　　　　E-mail：ydcbs@ ydcbs. com

电　　话：0433-2732435　　　　　　　　　传　　真：0433-2732434

制　　作：期刊图书（山东）有限公司

印　　刷：三河市嵩川印刷有限公司

开　　本：787mm×1092mm　1/16

印　　张：11

字　　数：200 千字

版　　次：2024 年 8 月第 1 版

印　　次：2024 年 8 月第 1 次印刷

书　　号：ISBN 978-7-230-06996-0

定　　价：58. 00 元

PREFACE

前 言

在信息化时代，随着互联网和数字技术的快速发展，网络已经成为我们日常生活和工作中不可或缺的一部分。然而，这种技术的普及也带来了前所未有的安全挑战。网络安全问题已经不再是某一单一组织或个人的问题，而是一个全球性的问题，涉及国家安全、企业经营及个人隐私等多个层面。

本书旨在为读者提供一个全面的网络安全知识框架，通过深入浅出的分析，解读当前网络安全领域面临的主要挑战与机遇，并探索有效的安全策略和技术解决方案。本书不仅适合网络安全专业人士阅读，也适合对网络安全有兴趣的普通读者，能帮助他们建立正确的网络安全意识和防护技能。

在第一章"数字时代的挑战与机遇"中，我们探讨数字化转型如何重塑现代社会的各个方面，从商业到教育，从政府到私人生活，以及这一进程中出现了怎样的网络安全风险和挑战。数字化转型为企业带来了效率的提升，同时也带来了数据泄露、网络攻击等安全威胁。

在接下来的几章中，本书详细介绍网络安全的基本概念、关键技术及实践策略。第二章"网络安全基础"和第三章"网络加密技术与信息保护"从技术角度出发，向读者展示构建强大网络防御系统的技术支柱。从基础的网络安全协议到复杂的加密算法，再到现代的防御技术如防病毒软件和防火墙的应用都涵盖在内。

第四章到第六章则进一步深入讨论恶意软件的识别与防御、身份验证技术及网络监控与威胁管理技术。这些章节强调防御策略的多层次性和动态性，讨论了如何通过技术和管理措施综合提升企业和个人的安全防护能力。

第七章和第八章探讨数据安全、隐私保护及云计算和移动安全的最佳实践。越来越多的数据和应用迁移到云平台，随着移动设备使用的普及，这些内容对于理解现代网络安全生态尤为重要。

在第九章，我们展望未来网络安全的趋势，特别是人工智能和量子计算如何影响安全技术的发展。最后，第十章通过具体的案例分析，总结企业和个人在实践中应对网络安全挑战的策略和经验。

通过阅读本书，读者能够获得一个清晰的网络安全概念框架，理解各种安全威胁及其应对措施，并掌握保护个人和企业数据的有效方法。希望本书能成为读者在数字时代保护自己不受网络威胁的重要工具，也希望它能激发更多专业人士对网络安全问题的关注。

在本书的创作过程中，我得到了诸多帮助和支持。首先，我要感谢我的同事和专业人士，他们不仅提供了宝贵的技术见解，还分享了实践中的经验，使本书的内容更加丰富和实用。我也要特别感谢那些在安全领域工作的专家，他们无私的建议和反馈帮助我深入理解了网络安全的复杂性和多样性。

在这里，我还必须特别感谢我的学校领导。他们不仅为我的研究提供了宝贵的资源和支持，还为我的工作创造了一个充满激励的环境。学校领导的鼓励和信任是我能够专注于这项研究并最终完成这本书的动力。他们对教育质量和学术研究的承诺不仅提升了整个学术团队的士气，也确保了我们能在网络安全这一关键领域做出实质性的贡献。

再次感谢所有领导和同事，你们的支持使得这本书的完成成为可能，并有助于推动实现我们共同的目标——提升网络安全教育和实践的水平。

李俊

2024 年 5 月 10 日

CONTENTS

目　录

第一章　数字时代的挑战与机遇 ·················· 1

第一节　数字化转型的背景 ·················· 2

第二节　网络与信息安全的发展 ·················· 7

第三节　技术进步与安全漏洞 ·················· 12

第二章　网络安全基础 ·················· 18

第一节　网络安全的基本介绍 ·················· 18

第二节　网络架构与安全漏洞 ·················· 23

第三节　网络安全协议与标准 ·················· 28

第四节　网络安全管理的最佳实践 ·················· 33

第三章　网络加密技术与信息保护 ·················· 37

第一节　加密算法的原理与应用 ·················· 37

第二节　保障信息的保密性、完整性及可用性 ·················· 41

第三节　现代网络加密技术的挑战与前瞻 ·················· 45

第四章　恶意软件与攻击防护 ·················· 51

第一节　恶意软件的类型与特征 ·················· 51

第二节　网络攻击的识别与防御 ·················· 56

第三节　防病毒技术与防火墙的应用 ·················· 61

第五章　身份认证与访问控制 ·················· 66

第一节　身份认证技术与协议 ·················· 66

第二节　访问控制策略与模型 ·················· 71

第三节　双因素与多因素认证 ·················· 75

第四节　新兴的身份认证技术 ···················· 80

第六章　网络监控与威胁管理 ···················· 84

第一节　网络监控技术与工具 ···················· 84

第二节　威胁智能与响应策略 ···················· 89

第三节　威胁评估与风险管理 ···················· 93

第四节　集成威胁管理系统 ······················ 98

第五节　先进的数据隐私保护技术 ················ 101

第七章　数据安全与隐私保护 ·················· 105

第一节　数据安全标准与实践 ··················· 105

第二节　隐私保护的法律与伦理问题 ·············· 110

第三节　数据泄露的影响与防护措施 ·············· 114

第八章　云安全与移动安全 ···················· 119

第一节　云计算安全架构与策略 ················· 119

第二节　移动设备面临的安全挑战 ················ 124

第三节　应用程序安全实践 ····················· 129

第九章　未来网络安全趋势 ···················· 134

第一节　人工智能在网络安全中的应用 ············ 134

第二节　量子计算带来的安全挑战 ················ 139

第三节　下一代网络安全技术 ··················· 145

第十章　案例研究与实践建议 ·················· 150

第一节　重大网络安全事件分析 ················· 150

第二节　企业网络安全实践 ····················· 155

第三节　个人数据保护的策略与技巧 ·············· 160

参考文献 ·································· 165

第一章　数字时代的挑战与机遇

从工业革命到信息革命，人类社会的发展历程标志着技术革新的每一步都伴随着重大的社会变革。在过去的几十年里，随着计算机科技的突飞猛进，尤其是互联网的普及，数字技术已经渗透到生活的每一个角落，改变了人们的工作方式、沟通方式乃至思维方式。这一历史性的转变，不仅极大地提高了生产力和效率，也带来了前所未有的挑战——网络与信息安全问题。信息安全已成为当今世界不可忽视的重大议题。越来越多的敏感数据被数字化了，从个人身份信息到国家安全机密，所有这些信息的安全都必须得到保障。网络攻击、数据泄露、信息战甚至网络恐怖主义的威胁，已经成为我们不得不面对的现实问题。这些安全威胁不仅仅是技术问题，它们还触及法律、政策、伦理乃至国际关系的层面。

数字时代的安全问题也反映了一个全球性的现象：技术的全球一体化与互联互通。在这个基础上，任何一个角落的安全漏洞都可能影响全球的数据安全环境。因此，面对这样的挑战，需要国际社会共同努力，形成统一的战略和应对措施，以保护我们共同的数字家园。政策制定者和技术开发者需要不断审视现有的安全措施，确保它们能够应对日新月异的技术发展。例如，随着人工智能和机器学习技术的应用日益广泛，它们在提高效率和便捷性的同时，也引发了新的安全问题和隐私担忧。如何在促进技术创新的同时，保护用户的信息和隐私安全，是数字时代亟待解决的问题。

另外，随着数字化程度的加深，网络安全教育和普及也显得尤为重要。从小学到大学，从普通职员到高级管理层，网络安全意识的培养是防范网络攻击的一道防线。网络安全教育可以帮助人们更好地理解它的重要性，提高他们识别和应对网络威胁的能力。

本章将深入探讨这些问题，分析数字化给社会带来的积极影响与潜在风险。通过展示数字化转型的背景、讨论网络与信息安全的重要性，以及解析技术进步与安全漏洞之间的复杂关系，为读者提供对当前数字化趋势的深刻洞见，强调在这个飞速发展的时代中，维护网络与信息安全的紧迫性与重要性。通过这一全面的讨论，我们希望能够启发读者，无论是专业技术人员还是一般公众，都能对网络与信息安全有一个全面的了解，并积极采取措施保护自己在数字世界中的安全。这不仅是技术的挑战，更是全社会的责任。

第一节　数字化转型的背景

在探讨数字化转型的背景时，我们必须从一个宏观的视角来审视这一现象如何深刻地改变了社会结构、经济发展和日常生活。数字化转型并非一夜之间发生的，它是技术进步、经济需求和社会变革相互作用的结果，逐渐将我们引入了一个全新的数字时代。从 20 世纪末期开始，随着个人电脑的普及和互联网的迅速发展，信息技术开始迅速渗透到商业领域，也渗透到人们的生活中。这一时期，信息技术如同一股不可抗拒的力量，推动着全球信息化大潮的到来。企业开始重视信息技术在提高效率、降低成本和创新服务中的作用，数字化转型逐渐成为提升竞争力的关键策略。进入 21 世纪，这种转型进一步加速。云计算、大数据、物联网和人工智能等新兴技术的发展，为数字化转型提供了更广泛的可能性。云计算让数据存储和处理的成本大幅降低，使中小企业也能利用先进的技术资源；大数据分析帮助企业从海量的数据中提取价值，更精准地理解市场和客户需求；物联网的应用使得从工业生产到家庭管理都更加智能化；人工智能的进步则在客户服务、决策支持等多个方面展现了巨大潜力。

然而，数字化转型的影响远不止于经济层面，它同样深刻地影响了社会结构和文化。数字化不仅改变了人们的工作方式，也改变了人际交流的模式。社交媒体的兴起改变了人们的交友方式和信息获取渠道，也让文化更加多元化。同时，数字化也带来了诸如数字鸿沟、隐私侵犯等新的社会问题。这些问题需要政策制定者、技术专家和社会各界共同努力，寻找解决方案。

此外，数字化转型也给教育系统带来了挑战和改革需求。传统的教育模式和内容需要更新，以适应快速变化的技术环境和劳动市场的需求。编程、数据分析、网络安全等成为新的基本技能，数字素养成为公民必备的能力。在全球化背景下，数字化转型的步伐还带来了国际合作与竞争。各国政府都在积极推动自己的数字化进程，以提升国家竞争力。例如，中国的数字中国建设、欧盟的"数字化单一市场"战略等，都是为了在全球数字经济中占据有利位置。

最终，数字化转型不只是技术的更新换代，它还是一场涵盖经济、社会、文化、政治多个层面的综合变革。这场变革带来了无数机遇，也伴随着挑战。如何在这个基础上建立一个安全、公正、包容的数字世界，是我们这个时代的共同任务。通过深入理解数字化转型的背景和它带来的深远影响，我们可以更好地把握未来的发展方向，实现可持续发展的目标。

一、从工业化到信息化

从工业化到信息化的转变标志着人类社会进入了一个全新的发展阶段。这一转变不只是技术上的飞跃，更是生活方式、经济结构甚至思维方式的彻底变革。在工业化时期，重工业的发展推动了城市化和大规模生产，经济活动主要集中在制造业和物理劳动上。人们的生活方式和工作模式相对固定，技术进步主要体现在机械化和自动化上，从而提高了生产效率和物质生产能力。进入20世纪后半叶，随着计算机的发明和微电子技术的突破，信息化时代逐渐拉开序幕。信息化最初的表现是数据处理和存储方式的变革，计算机技术的应用使得信息可以被快速处理和远距离传输，极大地提高了管理效率和决策的科学性。此外，信息技术的应用也开始逐步从军事和科研领域扩展到商业和日常生活中，计算机和互联网开始进入普通家庭。

随着互联网的普及，信息化的影响开始渗透到社会的每一个角落。互联网改变了人们获取信息和沟通的方式，打破了传统的时间和空间限制，使全球化的交流及合作变得更加容易。电子商务的兴起改变了传统的购物方式和商业模式，数字支付和在线交易成为新的经济活动常态。信息化还促进了人们对知识产权的重视，智力成果和信息内容的创造、保护和商业化成为经济增长的重要推动力。与此同时，服务业，尤其是基于知识和信息的服务业，开始在经济中占据越来越重要的地位。

此外，信息化还带来了工作方式的革命性变化，远程办公、工作时间灵活和数字化的工作环境成为可能，这对提高工作效率和生活质量都产生了积极影响。然而，这也带来了劳动市场的不确定性和职业安全的新挑战，对教育和终身学习提出了更高要求。在社会层面，信息化促进了民主参与，提高了政治透明度。互联网提供了一个开放的平台，人们可以自由表达意见，参与公共事务的讨论。同时，大数据和社交媒体的应用也在一定程度上影响了公共政策的制定和政治舆论的形成。

然而，信息化也带来了诸如隐私侵犯、网络安全问题、数字鸿沟等新的社会问题。信息技术的发展速度远远超过了社会规范和法律的适应速度，这要求我们在享受信息化带来的便利的同时，也必须关注和解决由此产生的问题。总的来说，从工业化到信息化的转型是一个复杂的过程，它涉及技术革新、经济结构转型及社会和文化的深刻变革。在这个过程中，我们既会看到巨大的发展机遇，也面临着前所未有的挑战。如何在新的信息时代找到适应的方式，保证技术的健康发展和社会的公平正义，是我们必须思考的问题。

二、关键技术的演进

关键技术在数字时代中起着至关重要的作用，它不仅推动了信息化的快速发展，也给现代社会带来了前所未有的挑战与机遇。自 20 世纪中叶以来，微电子技术的突破性进展彻底改变了信息的处理方式和人们的通信方式。晶体管的发明为更小型、更高效的电子设备铺平了道路，而集成电路的出现则进一步推动了电子计算技术的革命。这些技术的进步使得个人电脑成为可能，并随后催生了移动计算设备，如智能手机和平板电脑，它们现在已成为我们日常生活中不可或缺的工具。

计算机和软件技术的演进极大地提升了我们处理复杂问题的能力。从早期的打孔卡片到现代的高级编程语言和操作系统，软件技术的发展极大地提高了计算机的可用性和功能性。现代软件应用范围广泛，涵盖了从基本的文本处理到复杂的数据分析和机器学习算法。

互联网技术的发展改变了全球信息流动的方式。以军事和科研网络起步，互联网迅速发展成一个全球性的信息交换平台，极大地促进了知识的共享和传播。随着 Web 技术的引入和社交媒体的兴起，互联网更是成了塑造公共意见、进行文化交流和商业活动的强大工具。

移动通信技术从 1G 到现今的 5G，每一次进步都显著提高了通信速度和质量，使全球连接得更加紧密。技术的进步不仅使个人用户能够随时随地访问信息和服务，也为企业提供了新的机会，使企业能以创新的方式与客户进行互动和开展业务。

数据技术的演进，特别是大数据和云计算的应用，已经成为现代企业竞争力的关键。大数据分析帮助企业从大量的数据中洞察消费者行为和市场趋势，而云计算提供了一种成本效益高、可扩展的解决方案来存储和处理这些数据。这些技术的结合正在重新定义企业如何创造价值。

人工智能和机器学习正在开启全新的可能性，从自动驾驶汽车到个性化医疗，这些技术正在各行各业中应用。它们不仅提高了操作的效率，也在某些领域内拓宽了创新的边界。

然而，这些技术的飞速发展也带来了挑战，网络安全问题日益突出。随着越来越多的个人和企业数据被数字化，如何保护这些信息的安全成了一个迫切需要解决的问题。此外，技术的发展也加剧了数字鸿沟，不同国家和社群在接入现代信息技术方面存在差异，这可能影响全球的社会经济发展均衡。

关键技术的演进在带来前所未有的便利和机会的同时，也对社会的各个层面提出了新的要求和挑战。在享受这些技术成果的同时，我们需要不断思考如何应对由此引发的问题，以确保技术进步能够惠及所有人，并推动社会可持续发展。

三、数字经济的兴起

数字经济的兴起是过去几十年全球经济景观变化中最显著的特征之一。这种经济形态以数据为核心资源，依赖数字化的通信、信息处理和技术应用，正在重塑传统产业结构，催生新的市场机会，并改变劳动力市场的需求。在数字经济中，互联网、移动通信、云计算和大数据等技术不仅是工具，也是产业发展的驱动力。这些技术的集成和应用使得信息可以在全球范围内无缝流动，极大地提高了效率，降低了交易和运营成本，使得地理位置的限制对于经济活动的影响日益减少。

第一，数字经济促成了电子商务的爆炸式增长。从亚马逊、阿里巴巴到eBay，这些平台利用数字技术提供更加便捷的购物体验，并通过算法优化库存管理和物流配送，改变了零售行业的运作方式。电子商务不只局限于消费品的买卖，服务交易也逐渐在线上展开，如在线教育、云服务和远程医疗等。

第二，数字经济的发展促进了金融科技（FinTech）的创新。数字支付、区块链技术、在线投资平台及个性化的财务管理工具等，这些都是数字经济下金融服务革新的例证。它们提高了金融服务的可达性，降低了成本和门槛，使更多的人能够接触到便捷的金融服务。

第三，数字经济还催生了共享经济。美团和滴滴出行等平台通过优化资源分配，改变了传统的出行和住宿行业。这种基于网络的点对点交易模式，使得个人能够直接出租自己的车辆、住房或其他资源，这不仅提高了资源使用效率，也创造了新的经济活动。

第四，数字经济还极大地推动了知识产权的发展和保护。在这个基于信息和创意的经济体中，软件、数字媒体和在线内容的创作和分发成为重要的产业。随之而来的是版权保护的挑战和新的版权管理技术，如数字版权管理（Digital Rights Management，DRM）的应用。

然而，数字经济的快速发展也带来了不少挑战。数据安全和隐私保护是公众、企业乃至政府最关注的问题之一。数据泄露和网络攻击事件频发，给企业和用户带来了巨大的风险。同时，数字鸿沟也成为一个不容忽视的问题，不同地区、不同收入水平的群体在数字资源的获取上存在显著差异，这可能会加剧社会不平等。此外，数字经济下劳动关系的变化也引发了广泛讨论。数字平台公司常以合同工而非传统雇员的方式聘用工作人员，这虽然是一种灵活的工作形式，但可能会导致工作保障的缺失，引起劳动法和社会保障体系的调整需求。

数字经济的兴起是一个多维度、跨行业的变革过程，它重新定义了价值创造、交换和消费的方式。面对这些变化，无论是企业、政府还是个人，都需要不断适应新的经济形态，掌握新技术，更新知识和技能，以充分利用数字经济带来的机遇，同时妥善应对其挑战。

四、数字化对社会生活的影响

数字化已经深刻改变了人们的社会生活，从沟通方式到工作模式，从娱乐消费到政府服务，几乎无一不受其影响。这种变化不只是表面现象的变动，更是社会结构和文化观念的深层次转型。

数字化极大地改变了人们的沟通方式。社交媒体平台如抖音、小红书和微信不仅让人们的交流更加及时和广泛，还让信息的分享变得无比容易。人们可以在几秒钟内与世界另一端的朋友分享生活点滴，发表意见，或是参与全球性的讨论。这种无界限的沟通方式使得社会更加开放和多元，但同时也带来了信息过载、隐私泄露等问题。

在工作方面，数字技术的应用使得远程办公成为可能，尤其是在新冠疫情期间，这一模式得到了广泛应用。数字工具如 Zoom，Slack 等不仅支持团队协作和项目管理，还有助于维持企业运营的连续性。然而，这也对工作和私生活的界限提出了挑战，加班文化在某些情况下变得更加隐蔽而普遍。

数字化还彻底改变了娱乐和消费的方式。在线流媒体服务如爱奇艺、酷狗等改变了人们看电影和听音乐的习惯，按需服务让用户可以随时获取个性化的娱乐内容。电子商务的兴起使得购物更加便捷，消费者可以在家中轻松比较价格、阅读产品评价并进行购买。这种便利性带动了消费模式的根本变革，但也给实体零售业带来了压力。

在教育领域，数字化提供了个性化学习和资源共享的机会。在线教育平台和虚拟课堂使得知识传播不再受地理位置的限制，任何人只要上网就能接受来自世界各地的优质教育资源。同时，数字技术也使教育内容更加丰富多彩，支持多媒体和交互式学习。然而，这也暴露了数字鸿沟的问题，不同地区和不同收入的人们在获取这些资源上存在明显差异。

政府服务的数字化使得许多公共服务更加高效和透明。从在线办理行政手续到使用数据分析改善城市管理，数字技术正在逐步提升公共服务的质量和效率。此外，数字化还促进了政民互动，提高了政府的问责性和公民的参与度。然而，这也对政府的信息安全提出了更高要求，任何数据泄露都可能导致严重的后果。

社会生活的数字化影响深远并具有两面性。它为我们提供了前所未有的便利和机会，也带来了一系列新的挑战和问题。面对这些变化，我们需要继续探索如何利用数字技术推动社会进步，同时妥善处理由此带来的风险和不平等问题，确保技术进步惠及每一个社会成员。

第二节　网络与信息安全的发展

在数字化时代，网络和信息安全的重要性不断上升，已成为全球关注的核心议题。随着经济活动、社会交互及政府运作的数字化程度不断加深，网络安全的稳固性直接关系到国家安全、经济繁荣和社会稳定。

网络与信息安全对保护个人隐私至关重要。个人信息，包括身份数据、金融记录、健康历史等，都在互联网上以电子形式存储和传输。未经授权就访问这些数据，不仅会侵犯个人隐私，还可能会造成信息泄露，引发更大的风险。此外，随着社交媒体和移动通信的普及，个人生活的方方面面都可能被监控和记录，如果没有严格的网络安全措施，个人信息很可能被滥用。

在企业层面，网络安全对维护商业秘密和保持竞争力同样重要。商业组织依赖信息技术管理运营、处理客户订单、进行财务交易及市场分析等。一旦这些敏感数据被泄露，不仅会造成直接的经济损失，还可能会损害企业的市场信誉和客户信任。更进一步，对于那些依赖数字技术进行创新的企业来说，维护其知识产权和技术成果的安全是企业生存和发展的基础。

对于国家和政府而言，网络安全问题涉及国家安全和社会秩序。政府机构管理着大量涉及公共安全、国家基础设施和国民经济的敏感数据。这些信息如果被敌对势力掌握，可能会对国家安全构成威胁。此外，随着现代战争形态向网络空间扩展，网络安全也成为国防的一个重要组成部分。网络战和信息战已被许多国家列为重点防御和攻击的方向。

此外，网络与信息安全还对维护公共安全和关键基础设施起着重要的作用。

随着智能电网、远程医疗和在线教育等技术的应用，越来越多的关键基础设施和服务依赖网络运行。一旦遭受黑客攻击或数据泄露，可能导致电力中断、交通混乱甚至医疗事故，后果不堪设想。

因此，强化网络与信息安全是应对数字化挑战的必要手段。这需要全社会的共同努力，包括制定更严格的网络安全法规、使用先进的技术来防御网络攻击，以及培养专业的网络安全人才。同时，公众也需要提高网络安全意识，学会保护自己的数据安全，警惕网络诈骗和信息盗用。

随着数字技术的深入发展和应用，网络与信息安全的重要性日益突出。无论是为了保护个人隐私，为了确保企业运营，还是为了维护国家安全和社会稳定，加强网络安全防护都是当代社会发展的必然要求。我们必须认识到，网络空间的安全直接关系到现实世界的安全，这是一个不容忽视的挑战。

一、信息安全已成为社会基本需求

在数字时代，信息安全已成为社会的基本需求，其重要性体现在个人、企业和国家的各个层面。随着技术的发展和网络的普及，巨大的数据流动成为常态，从敏感的个人信息到关键的国家资产，所有这些都需要得到妥善的保护。

个人信息安全是公众较关注的问题。每个人在日常生活中无时无刻不在生成数据，无论是在线购物、使用社交媒体，还是通过智能设备管理健康和家居生活，这些活动都涉及大量的个人数据。这些数据如果被收集、使用或泄露，可能会导致个人隐私受到侵犯，甚至引发诈骗和身份盗窃等犯罪行为。因此，确保个人信息的安全不仅是维护个人隐私的需要，也是防止产生经济损失和个人安全风险的关键。

对企业而言，信息安全是保障其业务连续性、维护企业声誉和消费者信任的重要因素。企业在运营过程中产生和存储了大量商业信息和客户数据。这些信息如果被泄露，不仅会对企业的竞争地位造成影响，还可能会造成直接的财务损失，甚至引发法律诉讼和监管处罚。例如，一次数据泄露事件可能会使企业失去多年积累的客户的信任，严重时可能危及企业的生存。因此，加强信息安全管理，采用先进的技术和策略来保护企业数据，已成为现代企业管理不可或缺的一部分。

在国家层面，信息安全关乎国家安全和社会稳定。国家机构和关键基础设施如电网、交通系统和金融服务等，都高度依赖信息系统的安全稳定运行。信息系统一旦受到攻击，可能导致服务中断、经济损失甚至社会秩序的混乱。此外，随着国际关系中网络空间的战略地位日益突出，信息安全也成为国家安全的重要组成部分。网络间谍活动、网络战等新型安全威胁不断出现，加强网络防御和信息安全已成为各国政府的一项重要任务。

除了上述方面，信息安全还关系到法律和道德层面的问题。随着数据驱动决策的增加，如何在收集和使用数据时保持透明和公正，尊重用户的隐私权，成为一个重要的社会问题。数据保护法规，如欧洲联盟（简称欧盟）的《通用数据保护条例》（General Data Protection Regulation，GDPR）等，旨在平衡保护个人隐私和促进数据流通之间的关系。

信息安全不仅是技术问题，更是一个涉及经济、法律、道德和社会等多方面的问题。在数字化深入人类生活的今天，提高信息安全意识，采取有效措施保护信息安全，已成为我们每个人不能回避的责任。社会各界需要合作，不断更新安全技术和策略，以应对不断变化的安全挑战，确保数字化带来的便利和机遇不被安全问题所掩盖。

二、信息安全领域的政策与法规亟待完善

在数字化时代，网络与信息安全的重要性逐渐被全球范围内的政策制定者、企业和公众所认识和重视。随着技术的快速发展，个人、企业乃至国家的重要信息和资产都越来越多地依赖于数字系统，这不仅带来了便利和效率的提升，也带来了前所未有的安全挑战。因此，发展相应的政策和法规，保护网络与信息安全，已成为当代社会的一项紧迫任务。

数字化进程最显著的特征之一是信息的流通和存储方式发生了根本变化。这种变化虽然促进了信息的快速传播和获取，但也大大增加了信息被非法访问和滥用的风险。个人信息泄露、金融诈骗、知识产权侵权等问题层出不穷，严重威胁个人的隐私权和企业的商业利益，甚至影响国家安全。

为了应对这些挑战，世界各国纷纷加强立法，制定或更新了一系列与网络和信息安全相关的法律法规。例如，欧盟的《通用数据保护条例》提高了个人数据保护的标准，强化了数据主体的权利，设立了严格的数据处理原则和高额的违规罚款，对全球数据治理产生了深远影响。美国虽然没有全国统一的数据保护法，但各州通过了本州的法案，如加利福尼亚州的《加州消费者隐私法案》（California Consumer Privacy Act，CCPA），这也在增强消费者的数据控制权。

然而，这些法规的实施并不是没有挑战。首先，技术的快速变化使得相关法律法规需要不断更新以应对新的安全威胁和技术现实。例如，云计算、物联网和

人工智能等新兴技术的广泛应用，对数据保护提出了新的要求和挑战。其次，全球化的数据流动要求国际有更好的协调和合作。不同国家和地区在数据保护标准和实施力度上的差异，给跨国经营的企业带来了额外的合规负担和挑战。

此外，政策和法规的制定也需要平衡安全与发展、保护与创新之间的关系。过于严格的规定可能会限制技术的发展和应用，而过于宽松则可能导致安全漏洞无法得到有效控制。因此，如何设计出既能有效保护网络与信息安全，又能支持技术创新和经济发展的政策，是立法者和政策制定者面临的重要课题。

随着数字化深入人类生活的各个领域，网络与信息安全已经上升为全球关注的重大问题。在这一背景下，构建一个科学合理、灵活高效的法律法规体系，不仅是保护个人隐私、企业利益和国家安全的需要，也是推动社会稳定和可持续发展的重要保障。通过持续的法规创新和国际合作，我们可以更好地应对数字时代的挑战，共同建立一个更安全、更公平、更繁荣的数字世界。

三、企业与组织承担着重要责任

在数字化的浪潮中，企业与组织承担着重要的责任。随着企业日益依赖于信息技术和网络系统，它们不仅需要保护自身的数据和信息系统不受攻击，还需确保通过其服务收集和处理的客户数据的安全，这对维护品牌信誉、客户信任和占据市场领先地位至关重要。

企业和组织必须认识到，在保护数据安全方面其责任是多层面的。这不仅涉及防止数据泄露和保护信息系统不受外部攻击，还包括防止内部滥用数据和确保数据的合法合规使用。这意味着企业不仅要投资于最新的安全技术，如防火墙、入侵检测系统（Intrusion Detection System，IDS）和加密技术，还需要定期进行安全审计，及时更新安全政策，并培养员工的安全意识，对员工进行安全教育和培训。

企业和组织的责任还包括在产品和服务设计初期就应考虑到数据保护的原则，这被称为"隐私设计"。这意味着企业在开发新产品或服务时，需要从一开始就将数据保护和用户隐私作为核心考虑因素，而不是作为事后的补充。例如，确保数据最小化，只收集实现业务功能所必需的数据，以及为用户提供对自己数据的控制权，如数据访问、更正和删除的权利。

在全球化和互联网使数据跨境流动日益频繁的今天，企业还必须了解并遵守各种国际数据保护法规。例如，欧盟的《通用数据保护条例》对处理欧盟公民数据的企业设定了严格要求，无论这些企业是否位于欧盟境内。这就要求企业不仅要在技术上保护数据，还需要在法律合规方面采取相应措施，如进行数据保护影响评估、任命数据保护官等。

此外，在发生数据泄露或安全事件时企业和组织应承担起责任。这包括及时向受影响的用户和监管机构报告事件，清晰地说明事件的性质、可能的后果及企业正在采取的补救措施。透明的沟通不仅是法律要求，更是企业社会责任的体现，有助于维护公众和客户的信任。

随着企业和组织越来越多地依赖数字技术，它们在网络和信息安全方面的责任也越来越重。这不仅是技术问题，更是一个涉及法律、伦理和战略的复杂问题。只有通过全面的策略，投入必要的资源，不断更新和适应快速变化的技术和法规环境，企业才能在保护自身免受网络威胁的同时，保护客户的数据安全，最终巩固和提升自身的市场地位和声誉。

四、个人隐私保护面临挑战

在当今数字化迅猛发展的社会中，个人隐私保护面临着前所未有的挑战。随着技术的进步和互联网的普及，我们的生活越来越多地依赖于数字技术，从社交媒体到智能家居设备，从在线购物到移动支付，个人信息被广泛地收集和处理。这种趋势虽然为我们带来了便利，但也使我们的个人数据面临着严重的安全威胁。

第一，数据泄露的风险日益增加。几乎每天都有关于数据泄露的新闻报道，从大型企业到小型机构，没有组织能够完全避免此类风险。黑客利用各种手段，如钓鱼攻击、恶意软件或系统漏洞，来窃取个人数据。一旦个人信息如姓名、地址、电话号码、信用卡信息等被泄露，个人的财务安全、信誉甚至人身安全都可能受到严重威胁。

第二，数据的滥用问题也日益严重。许多公司收集用户数据，声称是为了提高服务质量，但这些数据的收集往往是出于其他目的，如无差别的广告推送、把数据售卖给第三方，甚至用于影响用户的行为和决策。这种对数据的滥用不仅侵犯了用户的隐私权，也引发了广泛的伦理和法律问题。

第三，新兴技术如人工智能和大数据分析进一步引发了个人隐私保护的挑战。这些技术可以从大量的数据中识别出复杂的模式和趋势，而在这个过程中，个人的隐私很容易被无意间侵犯。例如，通过分析购物习惯、位置数据和搜索历史，企业可以非常精确地描绘出一个人的生活习惯和偏好，这种程度的了解甚至超过了许多人的想象。

在这种环境下，政府和监管机构在个人隐私保护上的作用变得很关键。许多国家和地区已经开始实施更严格的数据保护法律。这些法律强调数据最小化原则，确保数据收集的目的明确且合法，并赋予消费者更多的控制权，包括对自己的数据访问、更正和删除的权利。

然而，法律法规的实施也面临挑战。信息技术的发展速度往往超过法律的更新速度，使得现有法规难以应对新出现的隐私保护问题。此外，全球化的数据流动也要求国际有更好的合作与协调，确保跨境数据流动时的隐私保护标准一致。

个人隐私保护在数字时代面临众多挑战，需要企业、政府和公众共同努力，通过技术、法律和社会规范的多方面措施来应对。只有这样，我们才能在享受数字化带来的便利的同时，保护好每个人的隐私。

第三节 技术进步与安全漏洞

技术进步是现代社会发展的重要驱动力。技术极大地改善了我们的生活和工作方式，但也带来了一系列安全漏洞和挑战。随着新技术的不断涌现，从物联网设备到云计算平台，从人工智能应用到移动支付系统，每一项技术革新都可能成为网络攻击者的新目标。

技术进步扩展了攻击面。随着更多设备接入互联网，如智能家电、健康监测设备及工业控制系统等，我们的生活和生产方式变得更加智能化，但同时也使得这些设备和系统易受到网络攻击。这些设备往往缺乏足够的安全措施，成为攻击者的潜在入口。例如，通过攻击家庭中的智能设备，黑客可以获取个人数据甚至进一步侵入更重要的网络系统。

软件和服务的快速迭代加剧了安全漏洞的问题。为了追求快速上市和功能创新，许多软件和应用可能未经充分测试就被推向市场，这使得它们可能包含未被发现的漏洞。此外，开发者在编写代码时可能未能充分考虑安全因素，或使用了存在已知漏洞的第三方库和工具，这都可能为攻击者留下可利用的空间。

人工智能和机器学习的引入为系统安全带来了新的复杂性。人工智能系统的决策过程不易被人理解，且这些系统通常需要处理大量敏感数据。如果人工智能系统的训练数据集被篡改，或是模型本身受到攻击，可能会导致不可预见的后果。例如，一个受到操纵的人工智能系统可能在面对特定输入时做出错误的决策，这在自动驾驶汽车和医疗诊断等领域的关键应用中可能带来严重的风险。

云计算虽然带来了存储和计算能力的便利，但也集中了大量的数据和资源，成为攻击者的高价值目标。在云环境中，数据的安全性不仅取决于云服务提供者的安全措施，也依赖使用这些服务的客户。不当的配置、权限管理不严等问题都可能会导致数据泄露或被非法访问。

随着新技术的不断涌现，现有的安全防护措施可能难以抵御新的威胁。网络安全技术和策略需要不断更新和升级，以对抗日益复杂的攻击手段。例如，量子计算可能会在未来威胁到当前的加密技术，这要求研发更先进的加密方法。

技术进步虽然带来了巨大的便利和效率，但也带来了新的安全挑战。只有通过持续的技术创新、加强安全意识培训、实施严格的安全政策和程序，以及采用先进的安全技术和解决方案，我们才能有效地管理和减轻这些安全风险，保护个人、企业和国家的利益不受威胁。

一、新技术带来的新漏洞

随着新技术的迅速发展和广泛应用，我们生活中的许多方面都变得更加便捷和高效了。然而，每项技术进步也伴随着新的安全漏洞和威胁，这些新漏洞可能会被恶意利用，造成严重的后果。

第一，物联网技术的广泛应用增加了网络的复杂性和攻击面。物联网设备往往设计用于特定的功能，如环境监测、健康追踪或家居自动化，但这些设备的安全性常常被忽略。许多物联网设备缺乏足够的安全防护措施，如强密码支持、数据加密或定期的安全更新。这使得它们容易受到各种网络攻击，如分布式拒绝服务攻击（Distributed Denial of Service，DDoS）或被纳入僵尸网络。此外，物联网设备往往持续在线并与其他设备互联，一旦被攻破，攻击者可能会通过一个设备侵入整个网络。

第二，云计算虽然为数据存储和处理提供了极大的便利，但也引入了数据集中化的风险。在云环境中，数据不再存储在本地硬件上，而是存储在远程服务器上。这种集中存储的数据如果没有得到适当的保护，就可能成为黑客的目标。攻击者可能会通过各种手段，如密码攻击、跨站脚本（Cross-Site Scripting，XSS）或 SQL（Structured Query Language，结构化查询语言）注入，访问存储在云服务器上的敏感信息。此外，云服务的配置错误也是常见的安全问题，如错误配置的访问权限可能允许未经授权的用户访问敏感数据。

第三，人工智能和机器学习技术的快速发展同样带来了新的安全挑战。这些技术在提供智能决策支持的同时，也可能被用于开发更复杂的攻击方法。例如，深度学习可以被用来生成非常逼真的网络钓鱼邮件或社交工程攻击内容，这些内容难以被传统的安全工具识别。此外，人工智能系统本身也可能成为攻击的目标，通过数据污染或模型逆向工程等手段，攻击者可以操控人工智能系统的输出，导致错误的决策和行为。

第四，随着5G技术的推出和应用，网络的连接速度和设备的连接数量都大幅增加了。这不仅能够推动经济和社会的进一步发展，也将增加网络的攻击面。5G网络的低延迟和高速特性可能被用于加速攻击的传播，如在自动驾驶汽车中迅速传播的恶意软件可能在极短时间内造成严重后果。

第五，随着新技术的不断出现，旧的安全工具和方法可能不再适用。新的技术环境需要新的安全解决方案和策略。这要求安全研究人员、技术开发者和政策制定者共同努力，不断更新和升级安全技术，以适应快速变化的技术环境。

新技术的发展虽然带来了巨大的社会和经济效益，但也引入了新的安全漏洞和威胁。这需要我们在享受新技术带来的便利的同时，加强安全防护措施，提高对新威胁的认识和应对能力，以确保技术进步的成果能够得到安全、可持续的利用。

二、漏洞的发现与修补过程

在数字时代，网络与信息安全面临诸多挑战，其中漏洞的发现与修补是维护系统安全的关键环节。这个过程不仅涉及技术操作，还包括策略制定和团队协作，是确保技术环境稳定和数据安全的重要保障。

漏洞的发现通常开始于持续的监控和测试。这包括但不限于定期的安全审计、渗透测试和代码审查。安全团队需要使用各种工具和技术来扫描系统与软件，寻找可能存在的安全弱点。这些工具可能包括静态应用程序安全测试（Static Application Security Testing，SAST）、动态应用程序安全测试（Dynamic Application Security Testing，DAST）和依赖项扫描等，它们各有侧重，能够帮助安全团队发现从代码漏洞到运行时漏洞的各类安全风险。

一旦发现潜在漏洞，安全团队需要对其进行分类和优先级排序。这一过程需考虑漏洞被利用的可能性和潜在的影响程度。例如，一个存在于广泛使用的互联网服务中的严重漏洞，其修补的优先级将高于一个只影响内部系统的较小漏洞。此外，这一阶段还需评估修补漏洞所需的资源与时间，以合理安排安全工作的优先顺序。

接下来是漏洞的修补过程。修补方法包括更新软件、修改配置设置或重新编写有缺陷的代码。在许多情况下，软件供应商会发布安全补丁或更新来解决已知漏洞。对于企业来说，及时应用这些补丁至关重要，但这需要在不影响业务连续性的前提下进行。在部署补丁之前，通常需要在非生产环境中进行测试，以确保更新不会引起系统的其他问题。

修补漏洞时，要注意与用户和利益相关者进行沟通。企业需要确保所有相关方都了解漏洞的严重性和修补的紧迫性。在一些情况下，尤其是在涉及广泛用户数据的安全漏洞时，透明的沟通可以帮助维护用户的信任，减少潜在的声誉损害。

此外，修补完成后，安全团队需要重新评估系统，确保漏洞已被有效修复，并且修补过程没有引入新的安全问题。这可能涉及再次执行一开始的安全测试，以验证措施的有效性。

最后，漏洞的发现与修补过程应该被详细记录和回顾。从每次安全事件中吸取教训是提高未来安全反应能力的关键。通过详细记录漏洞发现的情况、采取的修补措施及最终的效果，安全团队可以不断优化工作流程和策略，增强整个组织的安全防御能力。

漏洞的发现与修补是一个复杂且重要的过程，它要求安全团队具备较高的技术能力、周密的计划与有效的沟通能力。只有这样，才能确保在面对不断演化的网络威胁时迅速并有效地保护组织和用户的安全。

三、安全漏洞的经济影响

安全漏洞的存在不仅威胁个人和组织的数据安全，而且也会对经济产生深远的影响。从直接的财务损失到声誉损害，再到侵蚀消费者的信任，安全漏洞的经济后果是多方面且复杂的。

第一，最直接的影响是财务损失。当安全漏洞被恶意利用时，企业可能面临数据被盗、业务中断、修复成本及合规罚款等多重压力。例如，发生数据泄露事件后，企业不仅需要支付法律咨询费用、安全加固投入和用户赔偿，还可能面临来自监管机构的高额罚款。根据 IBM（International Business Machines Corporation，国际商业机器公司）的《2020 年数据泄露成本报告》，全球数据泄露的平均成本高达 386 万美元，这一数额足以说明安全事件对企业财务有重大冲击。

第二，安全漏洞还可能对企业的市场表现和股价产生影响。信息安全事件一经公开，往往会引起投资者的恐慌，导致股价下跌。股价的下跌不仅会反映市场对企业短期财务状况的担忧，还可能让人怀疑企业的治理能力和未来盈利能力。此外，竞争对手可能利用这一事件来抢占市场份额，进一步影响受影响企业的市场地位。

第三，安全漏洞会影响企业的声誉。对于企业来说，声誉是一种无形资产，是消费者信任和企业可持续发展的基石。一旦发生安全事件，公众对企业的信任会迅速下降，影响客户的忠诚度和新客户的获取。修复声誉往往需要花费较长时间且成本高昂，需要通过持续的公关努力和改进服务质量来逐步恢复公众信心。

第四，对于小型企业和初创企业来说，安全漏洞产生的经济影响可能尤其致命。这些企业通常缺乏足够的资源来投资高级的安全防护措施，一旦发生安全事件，可能没有足够的资金来进行修复和支付赔偿，最终可能会导致业务无法继续。

第五，安全漏洞还可能影响整个行业甚至国家经济的稳定。例如，金融服务行业对信息安全的要求极高，一旦发生安全漏洞，不仅会影响单个金融机构的运营，还可能引起市场动荡，影响广泛的经济活动。此外，随着越来越多的基础设施和关键服务数字化，安全漏洞可能导致关键系统的功能中断，如电力网络、交通控制和医疗服务等，对社会和经济造成广泛影响。

安全漏洞的经济影响是多层面且深远的。因此，加强网络和信息安全，不仅是技术问题，更是经济和社会问题。通过投资于先进的安全技术、培养安全人才、制定有效的风险管理策略，以及推动全社会的安全意识，我们可以更好地保护个人、企业和国家免受安全漏洞的经济冲击。

四、防御策略的演化

随着技术的进步和网络威胁的不断演变，防御策略也必须不断进化以应对新的安全挑战。从早期的简单防火墙到今日的综合性网络安全架构，防御策略的演化反映了对抗网络威胁日益复杂的需求。

在网络安全早期，防御策略通常很简单，主要依赖防火墙和杀毒软件。这些工具的目的是创建一个防御屏障，阻止未授权访问和检测已知的恶意软件。然而，随着攻击者的技术日益精进，这些基本措施往往无法阻挡更加复杂或未知的攻击。因此，网络安全领域开始引入入侵检测系统和入侵防御系统（Intrusion Prevention System，IPS），以增强防御能力。入侵检测系统能够监控网络流量，识别出可能的恶意活动，而入侵防御系统会在检测到攻击时主动采取措施进行阻断。这标志着防御策略从被动防御转向主动防御。

随着云计算和移动设备的普及，传统的网络边界开始变得模糊，这要求防御策略进一步演化。企业开始采用零信任安全模型，原则上不再假设内部网络是安全的，而是要求所有用户和设备不论位置如何都必须进行验证才能访问资源。这种模型强调"最小权限"原则和对所有网络流量进行严格控制，大大提高了防御能力。

此外，随着人工智能和机器学习技术的发展，它们也逐渐被引入网络安全领域。人工智能和机器学习可以帮助自动化威胁检测和响应过程，通过分析大量数据识别潜在的安全威胁模式。例如，行为分析工具可以通过学习正常的用户行为模式，来识别异常行为，这在防止内部威胁和高级持续性威胁（Advanced Persistent Threat，APT）方面尤为有效。

随着网络攻击技术持续升级，攻击者越来越多地利用复杂的多点攻击和社交工程攻击。这要求防御策略要在技术上先进，同时，涉及人员培训，提升其安全意识。教育和培训成为现代网络安全策略的重要组成部分，让员工能识别钓鱼邮件、不安全的网络行为和其他潜在的安全威胁。

最后，随着国家和国际层面对网络安全重视程度的提高，法规和标准也在推动防御策略的演化。合规性要求如《通用数据保护条例》或美国的 CIS（Center for Internet Security，互联网安全中心）控制标准，强制企业采取一定的安全措施，如数据加密、定期安全评估和事件响应计划，这些都极大地推动了防御策略的标准化和系统化。

网络防御策略的演化是一个持续的过程，它需要应对不断变化的技术环境和攻击手法。通过整合先进技术、严格管理和人员培训，以及遵守相关法规，现代企业可以更好地保护自身免受日益复杂的网络威胁。

第二章 网络安全基础

第一节 网络安全的基本介绍

在数字化深入人类社会的今天，网络安全不再是一个可选的奢侈品，而是一个必不可少的基本要求。随着企业和个人越来越依赖数字技术进行日常操作和交流，网络安全的重要性日益凸显。本章旨在向读者介绍网络安全的基本概念和技术，为理解更复杂的安全问题和策略打下坚实的基础。网络安全的核心在于保护信息和系统免受未授权访问、泄露或破坏，无论这些威胁是来自内部还是外部。正如一座坚固的堡垒需要坚实的基础，有效的网络安全措施也需要建立在坚实的基础之上。这包括理解网络架构的基本元素，如服务器、终端设备和通信网络，以及这些元素如何通过复杂的协议和技术相互连接和交互。

理解网络安全，我们必须从了解网络的基本构建块开始。网络由多种硬件和软件组件组成，包括路由器、交换机、防火墙及各种端点设备，如计算机、智能手机和其他联网设备。这些设备通过广泛的网络协议〔如 TCP/IP（Transmission Control Protocol/Internet Protocol）〕进行通信，这是确保信息在设备间准确传输的规则和标准。安全威胁可能会以多种形式出现，包括病毒、蠕虫、特洛伊木马、间谍软件、广告软件以及日益增多的勒索软件攻击。这些恶意软件不仅可以破坏个人数据，还能在全球范围内影响重要的基础设施和服务。因此，了解这些威胁的工作原理、它们如何传播以及如何检测和防御，是每个网络技术人员都应该掌握的知识。

此外，网络安全不仅仅是技术问题。它也涉及管理策略和实践，如用户访问控制、数据加密、安全审计及事故响应计划。有效的安全策略需要综合考虑技术、政策和人员三个方面，以确保全面的保护。安全策略的设计应当基于彻底的风险评估，确定哪些数据和系统资产最有价值，哪些威胁最可能发生，以及如何通过分层的防御策略来最大化保护这些资产。

在数字世界中，网络安全也面临着不断变化的法律和道德挑战。数据保护法规如欧盟的《通用数据保护条例》和其他国家的类似法律，对保护个人隐私提出了严格要求。这些法律不仅改变了企业收集、存储和处理个人数据的方式，也提高了违反相关规定的成本。因此，了解网络安全的基本知识，不仅是技术人员的需要，也是数字时代每一个公民的需要。

通过本章的学习，读者将获得网络安全的基本知识，为进一步探索更高级的安全技术和策略奠定坚实的基础。这是我们在这个快速发展且充满挑战的数字时代中，保护自己和他人信息安全不可或缺的一步。

一、网络安全定义

深入理解网络安全的定义是掌握这一复杂领域的基石。网络安全，亦称信息技术安全，涉及保护计算机系统及网络设施免受信息泄露、盗窃、损坏以及服务中断或误导的技术和过程。随着技术的不断进步和数字化深入生活与工作领域，网络安全的重要性越发凸显，其定义和范围也随之不断深化与扩展。

在最基本的层面上，网络安全旨在保护存储在计算机系统中的数据不被非授权访问或修改。这包括个人数据、知识产权、政府和军事信息以及商业秘密等敏感信息。随着互联网的普及和网络技术的发展，这些数据不再只存储于单一的计算机或网络，还广泛分布在全球的服务器和云平台上。

要保证网络安全通常涉及实施多个层面的措施。一是物理安全措施，即通过物理手段保护设备免受非法访问或破坏。这包括锁定服务器房门、监控数据中心等措施。二是技术安全措施，这是网络安全的核心，涵盖使用防火墙、加密技术、入侵检测系统和病毒防护软件等来保护系统和数据。三是行政措施，如制定和执行安全策略、进行安全培训及管理用户访问权限等。这些措施能确保组织内部的人员了解和遵守安全规范，从而减少因内部错误或疏忽而导致的安全事件。

随着技术的发展，网络安全的定义也在不断扩展，涵盖了更多新兴的领域。例如，随着物联网设备的普及，网络安全不仅需要保护传统的计算机和服务器，还必须考虑从智能家居设备到工业控制系统的广泛设备。这些设备往往缺乏足够的安全防护，成为网络攻击的新目标。另一个快速发展的领域是移动安全。随着智能手机和平板电脑成为人们日常生活和工作的重要工具，确保这些设备的安全也成为网络安全的一部分。移动安全不仅涉及设备本身的安全，还包括通过这些设备访问的应用程序和数据的安全。

在国际层面上，网络安全还涉及跨国数据流动的法律和政策问题。不同国家对数据保护的法律规定可能有很大差异，这对跨国公司的网络安全策略提出了额外的挑战。同时，国家之间在网络空间的互动也可能带来安全问题，如网络间谍活动和网络战。

网络安全是一个多维度、跨学科的领域，其定义随着技术的发展和社会的需求而不断演进。从保护个人隐私到确保国家安全，从防止网络犯罪到促进经济发展，网络安全的重要性不言而喻。对于每一个数字时代的个体和组织来说，理解并实施有效的网络安全措施是适应这个时代的必要条件。

二、常见的网络安全威胁

在数字时代，网络安全威胁对社会、企业和个人安全构成了持续挑战。随着技术的快速发展，新的威胁不断出现，而旧的威胁则变得更加复杂。理解这些威胁的本质和影响，是制定有效防御策略的关键。

恶意软件，包括病毒、蠕虫、特洛伊木马和勒索软件等，持续对计算机系统构成威胁。这些恶意程序可以通过各种途径传播，如电子邮件、网站下载或 USB 设备。它们可以造成数据丢失、窃取敏感信息或锁定重要文件以索取赎金。由于恶意软件会持续演变，它们能够逃避传统的防病毒软件检测，因此需要更高级的监控和响应机制来应对。

网络钓鱼是另一种常见的安全威胁，它通过假冒合法实体的电子邮件或消息，诱使用户提供敏感信息，如登录凭证和银行信息。这种攻击利用了用户的信任，是一种特别狡猾且难以防范的网络攻击方式。教育用户识别钓鱼邮件的标志，如检查发件人地址和链接的合法性，是减少这类威胁的有效手段。

身份盗用则是通过获取个人数据冒充他人，进行欺诈性活动。攻击者可能通过各种方式，如黑客攻击、网络钓鱼或通过公共无线网络拦截数据来获取这些信息。一旦身份被盗用，恢复受害者的信誉和财务状态可能需要很长时间和大量资源。

分布式拒绝服务攻击通过利用被控制的网络设备向目标发送大量请求，致使正常服务无法处理合法请求。这种攻击可以迅速使在线服务瘫痪，给企业带来巨大的经济损失和声誉损害。防御分布式拒绝服务攻击需要一系列复杂的技术措施，包括流量分析和过滤以及弹性网络架构设计。

APT 是一种复杂的网络攻击，通常由国家支持的黑客组织发起。这种攻击不是一次性的，而是长时间、有计划地进行，目的是悄无声息地获取敏感信息。APT 攻击的防御需要全面的安全策略，包括但不限于持续的系统监控、高级入侵检测系统和实时的威胁情报。

　　零日漏洞是指在软件或系统中存在的未知漏洞，这些漏洞在被发现并修补之前，给攻击者提供了可利用的机会。由于这些漏洞未被公知，故防御起来极为困难。持续的软件更新和打补丁是减少这种威胁的关键措施。

　　内部威胁源于组织内部，可能是由不满的员工、前员工或无意间的用户错误造成的。这种威胁特别危险，因为内部人员通常对系统有较深的了解，并可能有访问敏感信息的权限。防范内部威胁需要实施严格的访问控制、定期的安全培训及有效的数据监控和分析。

　　数字时代的网络安全威胁多样且不断演变，需要综合多方面的策略和技术来进行有效防御。只有不断更新和适应新的安全技术和方法，才能保护数据和信息系统免受这些日益复杂的威胁。

三、安全防护的层次

　　在数字时代，随着技术的迅速演进和网络环境的复杂化，实现全面的安全防护已成为一项挑战。这要求我们采取分层防御策略，确保从物理层面到数据层面都能得到充分保护。这种分层防护策略的核心思想是通过多重安全措施，形成一个综合的防御体系，以抵御各种潜在的威胁和攻击。

　　从最基本的物理安全开始，保护物理设备和服务器不受未授权访问是至关重要的。这涉及确保所有的硬件设施都位于安全的环境中，并且配备适当的安全监控和访问控制系统。例如，数据中心应配备监控摄像头，环境控制系统，进行严格的出入证管理，来防止由于温度异常等造成设备损坏。

　　在网络层面，必须部署强有力的防火墙和入侵检测系统。这些系统可以监控和控制进入和离开网络的数据，识别可疑的流量模式，从而阻断潜在的攻击。同时，使用虚拟私人网络（Virtual Private Network，VPN）和端对端加密技术可以保护数据在互联网上的传输过程中不被窃取或篡改。

　　端点保护也是网络安全的一个重要方面。随着移动设备和远程工作的普及，确保每一个终端设备都安装最新的安全软件，如防病毒程序和反恶意软件工具，成为确保网络安全的关键一环。此外，定期更新操作系统和应用程序可以修补已知的安全漏洞，减少被攻击的风险。

　　应用程序层的安全同样不可忽视。开发过程中应采用安全的编码实践，对软件进行彻底的安全测试，包括静态和动态的代码分析。对于运行在互联网上的应用，部署 Web 应用防火墙（Web Application Firewall，WAF）可以进一步保护应用不受 SQL 注入、XSS 等常见的网络攻击。

数据安全是构建安全防护层次中最核心的部分。实施严格的数据访问控制，确保只有授权用户才能访问敏感信息，是防止数据泄露的重要措施。在存储和传输数据中应用加密技术，可以有效防止数据在被盗时被解读。

除了技术措施，人为因素也必须纳入安全防护考量之中。可以对员工进行定期的安全培训，教育员工识别钓鱼邮件、避免不安全的网络行为，这是防止安全威胁转化为实际攻击的有效方式。此外，制定和执行一套完整的安全政策和程序，不仅能够指导员工应对日常的安全威胁，也能为企业应对突发的安全事件提供指南。

在物理安全、网络防护、端点保护、应用安全和数据保护等多个层面上实施综合的安全措施，可以构建一个坚固的防御体系，有效防护各种网络安全威胁。这种多层次的安全防护策略不仅能提高整个系统的安全性，还能增强人们对新出现威胁的应对能力。

四、安全事件的处理流程

在网络安全管理中，处理安全事件的流程是确保迅速、有效应对各种安全威胁的关键组成部分。一个明确的处理流程不仅能够帮助组织减轻攻击带来的损害，还能让组织从事件中学习和改进，以增强未来的安全防护。

预防和准备是安全事件处理的基础。在安全事件发生之前，组织应已经建好一个全面的预防体系。这包括技术防护、政策制定和员工培训等。同时，必须制订详尽的安全事件响应计划，明确各种潜在安全事件的定义、响应流程、职责分配及通信协议。此外，组织应定期进行模拟演练，确保在真正的安全事件发生时能够迅速有效地执行响应计划。

当安全事件发生时，及时的识别和报告是至关重要的。监控系统如入侵检测系统和安全信息与事件管理（Security Information and Event Management，SIEM）系统等，能够实时分析网络流量和系统日志，识别异常行为和潜在的安全威胁。一旦检测到可疑活动，必须立即按照预定流程报告给相应的安全团队，让团队进行进一步分析。

确认安全事件后，立即启动事先准备好的响应计划至关重要。这通常涉及隔离受影响的系统以防止威胁扩散，以及执行必要的技术干预措施，如清除恶意软件、关闭被入侵的账户等。这个阶段，快速有效的沟通也非常关键，需要进行内部通报并按法规要求对外报告。

安全事件控制和缓解之后，组织需要着手恢复受影响的服务和数据。这可能涉及数据备份的恢复、系统和应用程序的重建，以及逐步将业务流程恢复正常。恢复过程应有序进行，确保所有系统在重新上线前已彻底清除威胁并进行了充分的测试。

　　事件处理结束后，进行详细的事件复盘至关重要，这有助于评估安全事件的处理过程、识别存在的不足，并从中吸取教训。组织应分析事件的原因、评估响应的效率和有效性，并审视预防措施的充分性。基于这些分析，组织应更新其安全政策、响应计划和预防措施，不断完善安全防护体系。

　　通过这一系列细致入微的流程，组织可以更系统地管理安全事件，减少安全事件带来的负面影响，并通过不断地学习和改进，提高对未来安全威胁的防御能力。在数字化不断深入的今天，建立和维护这样一个动态的安全事件处理流程，是组织保障自身和客户数据安全的不可或缺的一部分。

第二节　网络架构与安全漏洞

　　网络架构是构成信息技术系统基础的核心，它不仅决定了网络的效率和功能，而且在很大程度上影响了网络的安全性。正因如此，理解网络架构及其与安全漏洞之间的关系，对于保护组织的数据资产至关重要。在本节中，我们将深入探讨网络架构的基本组成部分，以及这些组件如何成为潜在的安全风险点，同时讨论如何通过设计和实施策略来增强网络的整体安全性。

　　网络架构通常包括多个层面的技术堆栈，从物理设备到连接这些设备的网络，再到在这些设备上运行的应用程序，都包含在内。每一层都承载着特定的功能，但同时也可能引入特定的安全漏洞。例如，物理层包括路由器、交换机和其他网络硬件，这些设备如果没有得到适当的保护，就可能被用来非法进入网络内部。网络层涉及数据的传输方式，如使用的协议和加密技术，这些都可能因配置不当而遭受攻击。

　　在讨论网络安全时，我们经常会提到"攻击面"这一概念，攻击面就是网络中可以被恶意利用的部分。网络的复杂性越高，攻击面通常也就越广。每增加一个网络节点或服务，理论上都增加了潜在的入侵点。因此，设计网络架构时需要充分考虑安全性，确保新的技术和服务不会无意中增加网络的脆弱性。

　　一个典型的现代网络架构可能包括云服务、分布式系统和远程访问服务，每一项技术都带来了安全挑战。云服务可能导致数据控制权的丧失，因为数据不再完全存储在本地。分布式系统增加了数据一致性和访问控制的复杂性，而远程访问增加了网络被远程攻击的风险。针对这些特定环境的安全措施，如多因素认证（Multi-Factor Authentication，MFA）、端到端加密和定期的安全审计，是保证网络安全的重要部分。

随着物联网设备的普及，网络架构的安全挑战变得更复杂。设计这些设备时往往侧重于特定功能，而非安全性，使得它们成为攻击者的理想目标。物联网设备的安全性问题不只局限于设备本身，还可能影响整个网络的安全，因此在网络架构设计阶段就需要将这些设备的安全纳入考虑。

为了应对这些挑战，网络架构师和安全专家必须共同努力，不断评估和更新安全策略，以应对新出现的威胁。这包括采用最新的安全技术，如人工智能驱动的威胁检测系统，以及制定严格的安全政策和流程，如定期更换密码、限制访问权限等。

网络架构的设计与实施直接关系到组织能否有效抵御外部威胁和内部漏洞。通过深入了解网络架构的每个组成部分及其潜在的安全风险，组织可以更有效地制定防御策略，从而保护其关键资产免受攻击。这一过程要求网络和安全团队之间紧密合作，以及对新兴技术和威胁进行持续关注。

一、常见的网络架构

在数字化深入人类社会的今天，网络架构作为信息技术系统的基础，其设计和实施对于确保网络的效率和安全性至关重要。网络架构不仅决定了数据如何在网络中流动，而且影响整个组织的技术战略和操作效率。从传统的客户端—服务器模型到现代的云计算框架，每种架构都有其独特的特点。

客户端—服务器架构是网络设计的经典模式，它通过集中资源管理优化网络的管理和维护。在这种模型中，服务器承担重要的数据处理和存储任务，而客户端则负责提供用户界面。这种分离确保了资源的高效利用，但也引入了中心节点的安全风险，因为服务器的任何安全漏洞都可能影响连接的客户端。

对等网络（Peer-to-Peer，P2P）架构提供了一个去中心化的选择，每个节点既是客户端又是服务器，共同参与数据的处理和存储。这种架构的优势在于其有增强的抗故障能力和去中心化特性，在处理大量数据时具有较高的效率。然而，P2P网络的开放性也可能使其更容易受到安全攻击，因为每个节点都可能成为攻击的目标。

分层网络架构通过将网络职责分解到不同的层级来简化设计和扩展，常见的有三层架构模型，包括核心层、分发层和接入层。这种分层方法提高了网络的可管理性和可扩展性，但每一层的安全都需要独立保护，以防止潜在的安全漏洞穿透整个网络系统。

数据中心网络架构面向高性能计算和大规模数据处理，它支持云服务和大数据应用。在这种架构中，网络的高带宽和低延迟是关键，同时，必须通过虚拟化技术和高级安全措施来保护数据中心免受攻击。

云网络架构则是当代最具革命性的网络设计之一，它使组织能够利用虚拟化技术，按需分配计算资源和存储空间。云架构支持广泛的服务模型，包括 IaaS（Infrastructure as a Service，基础设施即服务）、PaaS（Platform as a Service，平台即服务）和 SaaS（Software as a Service，软件即服务），每种模型都提供了不同级别的管理灵活性和安全责任。云服务的多租户环境要求极其严格的数据隔离和安全控制，以确保客户数据的隐私和完整性不被侵犯。

了解这些常见的网络架构及其内在的安全考虑，对于网络管理员和安全专家来说是基础性的工作。每种架构都需要特定的安全策略和技术应对措施，以应对不断演变的安全威胁。选择合适的网络架构并实施相应的安全措施，是确保组织信息安全的关键。在快速变化的技术环境中，持续更新和优化网络架构及其安全策略，是组织必须面对的挑战。

二、架构中的安全缺陷

网络架构的设计和实施在提供必要的功能和效率的同时，也可能引入安全缺陷。这些安全缺陷不仅能被外部攻击者利用，还可能由内部错误或疏忽引发严重的安全问题。了解架构中的安全缺陷及其潜在风险，是制定有效防御策略的关键。

物理层的安全缺陷通常涉及对物理设备和网络设施的直接访问。例如，服务器、路由器、交换机及数据传输线路如果没有得到妥善保护，就可能被未经授权的个人访问或破坏。物理安全缺陷还包括不适当的环境控制，如温度和湿度控制不当可能导致设备过早老化或发生故障，从而增加系统的脆弱性。

在网络层，配置错误是一种常见的安全缺陷，可能导致未加密的数据传输、不安全的端口开放或不必要的服务运行，这些都为攻击者提供了可利用的入口。此外，未及时更新的固件和软件也常常含有已知的安全漏洞，如果不进行定期的补丁管理和更新，这些漏洞就可能被用来进行网络入侵。

在应用层，常见的安全缺陷包括编码不当导致的注入漏洞、XSS 攻击和跨站请求伪造（Cross-Site Request Forgery，CSRF）。这些漏洞通常源于开发者对安全编程实践的忽视或不了解，攻击者可以通过这些漏洞盗取用户数据、劫持用户会话甚至获取服务器的控制权。

数据安全层的缺陷涉及数据存储和传输的安全性问题。如果数据未经加密或使用了弱加密算法，敏感信息就会容易被截获和解读。此外，不恰当的数据访问控制和权限管理也可能允许未授权访问，造成内部人员滥用访问权限，进而导致数据泄露。

除了技术层面的缺陷，组织文化和政策也可能成为安全的薄弱环节。如果组织缺乏安全意识培训或安全政策执行不力，员工可能因不了解安全最佳实践而进行危险操作，如使用简单密码、点击未经验证的链接或在未受保护的网络上处理敏感信息。

解决这些安全缺陷需要一个多层次、综合性的方法。首先，必须通过持续的教育和培训提高员工的安全意识。其次，落实严格的安全措施，包括定期的安全审计和渗透测试，以识别和修复安全缺陷。最后，在技术层面，可以部署先进的安全技术，如入侵检测系统、入侵防御系统和数据加密解决方案，直接强化安全防护。

网络架构中的安全缺陷可能来源于多个层面，它们的存在增加了组织面临的安全风险。通过全面理解这些缺陷并采取适当的预防措施，组织可以显著提高其网络环境的安全性，有效保护其信息资产免受威胁。在不断变化的技术环境中，持续地审视和改进安全架构是保障网络安全的关键。

三、特殊考虑高风险环境

在网络安全领域中，高风险环境指的是那些由于其业务性质、数据敏感性或受攻击概率较高而需要特别关注的环境。这些环境可能涉及关键基础设施、金融服务、医疗保健数据或政府系统。对于这些高风险环境，需要采取特殊的安全措施，以应对潜在的高级持续性威胁、针对性攻击和复杂的网络攻击危险。

核心安全原则在高风险环境中需要被强化并且精确执行。这些原则包括但不限于最小权限原则、数据加密、多因素认证和持续监控。最小权限原则能确保用户和系统只访问完成任务所必需的资源，大大减少潜在的攻击面。数据加密可以保护敏感信息，即使在数据泄露的情况下它也难以被未授权者读取。多因素认证能增加访问控制的复杂性，提高安全性。持续监控则是确保及时发现和响应安全事件的关键。

高风险环境常常是高级持续性威胁（APT）的目标。APT攻击通常由资金充足、技术高超的攻击者发起，目的是长时间潜伏在网络内部以窃取信息或破坏系统。防御 APT 需要一种层次化的安全策略，包括及时管理安全补丁、部署入侵检测系统、分析异常行为及监控数据和网络的细粒度。

针对性攻击（如网络钓鱼）特别针对特定组织或个人，以获取访问权限或敏感信息。在高风险环境中，教育和训练员工识别和防御这些攻击至关重要。此外，实施严格的电子邮件过滤和网页过滤政策，以及对所有入站和出站通信进行仔细审查，是减少攻击概率的重要措施。

在高风险环境中，灾难恢复和业务连续性计划尤其重要。组织必须准备应对可能的安全事件，确保关键业务功能能够快速恢复。这包括制订详尽的恢复计划，定期进行恢复演练，并确保所有备份数据的安全和可用。

许多高风险环境，如金融和医疗保健，都受到严格的法规约束。遵守这些法规不仅是法律要求，也是保护客户数据和维护公众信任的重要手段。实施合规策略，定期进行合规性审查和风险评估，是保持法规遵从的关键。

在高风险环境中，建立安全文化、保持持续改进的态度是至关重要的。这意味着安全不只是技术团队的责任，也是每一个员工的责任。通过持续的培训，可以加强员工的安全意识，减少因人为错误引起的安全事件。同时，随着技术和威胁环境的变化，组织应不断评估和更新安全策略和工具，以应对新的安全挑战。

四、安全加固的策略

在当今快速发展的网络环境中，安全加固成了保护信息系统免受威胁的重要策略。安全加固就是采取一系列预防措施，增强系统的安全性，并防止潜在的攻击。这些措施从物理层到应用层，涵盖技术、管理和操作层面等内容。在实施安全加固策略时，需要综合考虑组织的特定需求和潜在风险。以下是一些核心的安全加固措施：

加固物理安全是基础，确保所有物理设备、服务器和网络设备都处于安全可控的环境中至关重要。这包括控制数据中心的物理访问，使用监控摄像头和安全警报系统，以及实施环境监控措施以防止设备过热或水灾等情况的发生。

在网络层面，加固措施包括部署防火墙和入侵检测系统以监控和控制进出网络的流量。此外，应用网络分段和隔离策略，将网络划分为多个逻辑部分，确保关键数据和系统的隔离，减小跨网络攻击的可能性。

操作系统和应用程序的加固也非常关键。这包括定期更新操作系统和应用程序来修补安全漏洞，实施严格的权限管理政策，限制程序和服务运行的权限，以及移除或禁用不必要的服务、应用程序和端口，以减少系统的潜在攻击面。

数据库加固是保护存储数据安全的重要环节。加固措施包括实施强力的认证机制，加密存储和传输的数据，以及定期进行数据库审计活动。此外，应该限制对数据库的访问，确保只有经过授权的用户才能访问敏感数据。

在用户访问控制方面，实施最小权限原则和基于角色的访问控制（Role-Based Access Control，RBAC），可以有效减少内部威胁和误操作带来的风险。此外，引入多因素认证可以增加访问控制的安全性，确保即使密码被窃取，系统也不会轻易被侵入。

安全加固还包括提高安全意识。组织内的每个成员都应该接受定期的安全培训，了解如何安全地处理信息和识别潜在的网络威胁，如钓鱼攻击和社交工程攻击等。安全意识的提高是防止安全事故发生的关键。

实施安全审计和持续监控是确保安全加固措施有效的重要手段。定期对系统和网络进行安全评估，监控关键系统的安全日志，以及使用先进的威胁检测技术，可以帮助企业及时发现并应对安全威胁。

通过这些综合性的安全加固措施，组织能够显著提高其信息系统的安全防护能力，有效抵御外部攻击和内部威胁。在不断变化的网络安全环境中，持续评估和改进安全措施是必要的。

第三节　网络安全协议与标准

在网络安全领域中，安全协议和标准扮演着重要的角色，为保护信息系统提供了规范和指导。网络安全协议和标准可以帮助组织应对各种网络威胁，确保数据的安全性和完整性，同时满足法规要求并避免法律风险。

安全协议是一系列定义如何在网络中安全交换数据的规则和算法。它们是维护网络安全的基石。例如，传输层安全协议（Transport Layer Security，TLS）继承自安全套接字层（Security Socket Layer，SSL），广泛用于 Web 浏览器和服务器之间的数据加密，保护数据不被窃听，同时通过身份验证和消息完整性检查防止消息伪造或篡改。安全文件传输协议（Secure File Transfer Protocol，SFTP）建立在 SSH 协议（Secure Shell，安全外壳）基础上，提供文件访问、文件传输和文件管理的安全机制，与旧的文件传输协议（File Transfer Protocol，FTP）相比，SFTP 在传输过程中对数据进行加密，提高了数据传输的安全性。互联网安全协议（Internet Protocol Security，IPsec）在 IP 网络层通过认证和加密来保护通信，广泛用于建立虚拟私人网络，确保数据在通过不安全的网络如互联网传输时的安全。

与此同时，安全标准定义了安全技术的规范要求，帮助组织设计、实施和维护其安全系统。ISO（International Organization for Standardization，国际标准化组织）/IEC（International Electrotechnical Commission，国际电工委员会）27000 系列是一组信息安全标准，提供了信息安全管理系统（Information Security Management System，ISMS）的建立、实施、维护和持续改进的规范，适用于各种类型和规模的组织。COBIT（Control Objectives for Information and related Technology，信息系统和技术控制目标）是一套综合的 IT 管理和治理框架，强调了信息安全的重要性，并提供了实现高效信息安全治理的指导。在美国，《健康保险携带和责任法案》（Health Insurance Portability and Accountability Act，HIPAA）规定了医疗信息的隐私和安全标准，要求医疗保健行业的参与者保护患者的健康信息不被未经授权访问或披露。

组织通过实施这些安全协议和遵守相关的安全标准，可以有效地防御各种网络威胁，保护敏感数据不被非法访问或泄露。同时，这些措施也有助于组织满足法规要求，避免潜在的法律后果。在不断变化的网络安全环境中，持续更新安全协议与标准至关重要。

一、关键的网络安全协议

在数字通信的世界里，安全协议起着重要的作用，它们可以确保数据的安全性、完整性及隐私性。这些协议是网络安全的基石，有助于防止数据泄露、非法访问和各种网络攻击。理解这些关键安全协议是每个网络安全专业人员的基本功，也是维护网络安全的重要前提。

传输层安全协议是保护互联网通信安全的标准工具之一。传输层安全协议的前身是安全套接字层，虽然安全套接字层现在已逐渐被淘汰，但传输层安全协议仍在其基础上继续发展，提供更加强大和安全的加密技术。传输层安全协议通过在传输数据之前进行端到端加密，确保数据在传输过程中的安全，防止数据被中间人截取和篡改。传输层安全协议广泛应用于网页浏览器、电子邮件、即时通信和 VoIP（Voice over Internet Protocol，基于 IP 的语音传输）等应用程序中，保护数据传输不受侵害。

安全外壳协议也是一种重要的安全协议，主要用于远程登录和其他网络服务。安全外壳协议可提供一种安全的网络协议，通过在不安全的网络上创建安全通道，允许用户从远程位置安全地访问网络服务器。安全外壳协议通过公钥加密技术对数据进行加密，同时提供严格的身份验证机制，确保只有经过授权的用户才能访问服务器。

互联网协议安全是另一个关键的安全协议，它在网络层上提供保护，通过认证和加密数据包来保护 IP 通信。互联网协议安全主要用于建立虚拟私人网络，它支持网络层加密和身份验证，使数据在互联网上的传输同样可以达到类似于物理专用网络的安全级别。互联网协议安全能保护企业通信，尤其是在不安全的公共网络上进行数据传输时它是不可或缺的技术。

还有一种重要的安全协议是 Wi-Fi 保护访问（Wi-Fi Protected Access 3，WPA3）。WPA3 是无线网络加密的最新标准，能比它的前身 WPA2（Wi-Fi Protected Access 2）提供更强的安全性和更好的用户数据保护。WPA3 引入更复杂的握手程序和高级加密标准，提高了无线网络的安全防护，使其更难被破解。

此外，安全实时传输协议（Secure Real-time Transport Protocol，SRTP）用于保护音频和视频流的传输。SRTP 是一种在实时通信协议（如 VoIP）中广泛使用的安全协议，它为传输的媒体数据提供了加密、消息认证和完整性保护。通过使用 SRTP，通信双方可以确保其通信内容不会被未经授权的第三方窃听或篡改。

这些关键安全协议的共同目标是在不断变化的网络环境中，保护用户的数据和通信安全。无论是在数据传输、远程访问还是日常在线交流中，这些协议都发挥着不可替代的作用。因此，了解并正确实施这些安全协议，对于希望保护其网络安全的个人或组织来说都是至关重要的。在实施的过程中，还需不断评估和更新安全策略，以应对新的安全挑战和技术发展。

二、网络安全领域的国际与国内标准

在网络安全领域，遵循国际与国内标准是保障信息安全、防范网络威胁及满足法律法规要求的关键环节。这些标准为安全措施提供了统一的框架，能帮助组织在全球化的业务环境中保持一致的安全实践。理解和执行这些标准是提升网络安全能力的基本要求。

国际标准化组织（ISO）和国际电工委员会（IEC）是制定信息安全标准的主要国际机构。其中，ISO/IEC 27000 系列标准是最被广泛认可的信息安全管理标准，它为信息安全管理提供了一套全面的最佳实践框架。ISO/IEC 27001 标准要求组织建立、实施、维护并持续改进信息安全管理系统，帮助组织评估风险并实施适当的安全措施以确保信息资产的安全。ISO/IEC 27002 则提供了一套详细的信息安全管理实践指南，包括应实施的安全控制措施，以辅助组织在制定具体政策和程序时做出决策。

在特定领域中，如金融服务行业，PCI DSS（Payment Card Industry Data Security Standard，支付卡行业数据安全标准）是一项重要的国际安全标准，旨在保护信用卡数据的安全。任何涉及处理、存储或传输信用卡信息的组织都需遵守此标准，以防止信用卡欺诈和数据泄露。

各个国家和地区也根据自身的特定法律、经济和文化背景制定了一系列国内安全标准。例如，美国通过实施《健康保险可携带性和责任法案》来保护个人健康信息，而欧盟则通过《通用数据保护条例》来规范个人数据的处理和保护，确保数据主体的隐私权。

中国在网络安全方面也制定了一系列标准和法律，如《中华人民共和国网络安全法》。该法强调加强网络信息安全管理，保护网络数据信息的安全和个人隐私。此外，中国国家标准化管理委员会也发布了多项信息安全国家标准，涵盖了信息安全技术、个人信息保护等方面。

组织实行国际与国内标准，不仅能提高其网络安全防护水平，还能在全球市场中树立信任和合规的形象。这些标准的实行不是一成不变的，而应随着技术的发展和外部威胁的变化而不断调整和完善。通过定期的审查和更新，组织可以确保其安全措施始终处于最佳状态，有效防范日益复杂的网络安全威胁。

三、实施网络安全标准的挑战

实施网络安全标准无疑是提高组织信息安全水平的重要步骤，但这一过程并非没有挑战。组织在努力符合国际和国内安全标准时，常常会遇到多种复杂的问题和障碍，这些问题可能源于技术、财务、人员或法规等方面的限制。

第一，技术挑战是实施安全标准最直接的难题之一。随着技术的迅速发展，保持现有系统与新安全标准的兼容性成为一项挑战。例如，升级旧有系统以支持最新的加密协议或安全措施可能需要显著的技术重构。此外，对于拥有复杂或非标准化 IT 基础设施的组织来说，确保每部分系统都能满足安全标准的要求尤其困难。

第二，财务挑战也不容忽视。实施安全标准通常需要显著的初期投资，包括购买新的软件和硬件设备、聘请安全专家及对员工进行培训。对于预算有限的中小型企业来说，这些费用可能是一大负担。即使是大型企业，高昂的成本也可能使管理层在投资安全领域的决策中犹豫不决。

第三，人力资源是实施安全标准的另一个关键因素。安全标准的有效实施依赖于拥有专业知识的安全团队。然而，全球范围内的网络安全专业人员短缺，使得许多组织难以找到合适的人才来设计、部署和维护安全系统。同时，对现有员工进行足够的安全培训，使他们能够理解和遵循安全标准，也是一项挑战。

第四，法规的复杂性也不可忽视。国际性组织尤其面临这一挑战，因为它们需要同时遵守多个国家或地区的法规和标准。不同国家在数据保护和网络安全方面的法规可能存在显著差异，这使得制定一个既符合所有相关法规又高效的全球安全策略变得复杂。

第五，组织文化和员工对变革的抵抗也是实施安全标准时可能遇到的挑战之一。安全标准的实施往往要求改变员工的工作方式，如引入更复杂的登录程序或限制对某些数据的访问。这种变化可能会遇到员工的抵抗，特别是如果他们感觉这些变化影响了他们的工作效率或便利性时。

尽管面临这些挑战，实施网络安全标准对于保护组织免受日益复杂的网络威胁至关重要。组织可以通过采取逐步实施的策略、利用外部资源和专业服务、持续的员工培训以及高层管理的支持和领导，来克服这些挑战，有效实施安全标准。此外，评估和优化实施过程中的每一步，确保所有措施都能带来预期的安全效益，是确保长期成功的关键。

四、网络安全认证与合规性

在网络安全的广泛领域中，安全认证与合规性是维护组织数据安全、保障客户信任及满足监管要求的核心部分。通过达到特定的安全标准并获得相关认证，组织不仅能展示其对保护关键信息的承诺，还能在激烈的市场竞争中提升信誉。安全认证是一个系统的评审过程，由第三方权威机构按照国际或国内认可的标准对组织的信息安全管理体系进行审核。这些标准如 ISO/IEC 27001、PCI DSS 或 NIST（National Institute of Standards and Technology）等，为组织提供了一个清晰的框架来建立、实施、操作、监控、审查、维护和改进其信息安全。获得这些认证不仅是一个标志，表明组织采取了适当的安全措施，更是一个法律或商业要求，有助于组织在全球范围内开展业务。

然而，实现安全认证与合规并不是一项容易的任务，它涉及组织在多个层面上的努力和资源投入。首先，技术挑战是显而易见的，更新和维护安全系统以符合最新的标准要求，需要持续的技术支持和资金投入。这可能包括购买新的安全软件、升级现有的硬件设备或引入更复杂的数据加密技术。其次，财务成本也是一个重要考量。实施先进的安全措施和维持持续的合规监控需要显著的投资。对于许多企业，特别是中小企业而言，高昂的初期成本和运营成本可能是一个巨大的负担。

此外，人力资源也是成功实现安全认证的关键。组织需要有足够的专业人员来管理复杂的安全系统和合规程序。这不仅包括安全专家，还包括需要培训的员工，以确保他们了解并能够遵循相关的安全政策和程序。

法规的复杂性也不容忽视。特别是跨国企业，需要遵守多国的安全法规和标准，这些标准往往各不相同，有时甚至相互矛盾。企业必须精通这些法规，以确保全球业务的合规性，同时还要应对法规的不断变化和更新。

尽管存在这些挑战，安全认证与合规性仍然是企业网络安全战略中不可或缺的部分。它们不仅有助于防范日益复杂的网络威胁，还能提高企业的市场竞争力。通过投资正确的技术、培训员工并采取适当的策略，组织可以有效地应对这些挑战，确保持久的安全与合规。在这个过程中，企业需要持续评估其安全措施的效果，灵活调整策略以适应新的安全威胁和法规要求，从而保护其资产和声誉免受损害。

第四节　网络安全管理的最佳实践

一、制定综合性网络安全政策

在当今数字化快速发展的环境下，制定综合性安全政策是确保企业网络安全的基石。这一政策必须全面覆盖组织的各个层面，包括物理设备、网络系统、数据保护及员工的安全培训等。一个有效的综合性安全政策不仅能帮助企业识别和减轻潜在的安全风险，还能确保企业的操作符合相关法律法规的要求，保护企业免受可能的金融和声誉损失。

首先，综合性安全政策需要从资产管理开始。企业应首先对所有资产进行彻底的识别和分类，这包括所有的物理设备、软件系统和关键数据。对这些资产进行适当的分类和评估，可以帮助安全团队确定每种资产的重要性及其面临的主要风险，从而制定相应的保护措施。

其次，进行定期的风险评估是综合性安全政策的关键部分。这一过程包括识别可能对企业资产造成损害的各种威胁，包括外部的网络攻击和内部的数据泄露等。风险评估还应当考虑技术失败、过程缺陷或人为错误可能引发的风险。通过这种持续的评估，企业可以及时发现新的安全威胁，并迅速调整安全策略以应对这些变化。

此外，访问控制是维护网络安全的一个重要方面。综合性安全政策应包含一套严格的访问控制系统，确保只有授权的用户才能访问敏感信息和关键系统。这通常涉及用户身份验证、权限分配和访问记录审计等层面。通过实施有效的访问控制措施，企业能够有效防止未授权访问，减小数据泄露和其他安全事件的风险。

最后，员工安全意识的培训是实施综合性安全政策中不可或缺的一环。每一位员工都应该理解他们在保护企业网络安全中的角色和责任，并通过定期培训了解最新的安全威胁和防护措施。强化员工的安全意识，是预防安全事件发生的有效策略。

实施这些策略，综合性安全政策可以成为保护企业免受网络威胁的有力工具。只有全面地理解和执行这些政策，企业才能在日益复杂的网络安全环境中稳健前行。

二、对员工进行网络安全培训

在维护组织的网络安全中，对员工进行安全培训不可忽视。随着技术的发展，网络攻击手段不断翻新，这就要求每位员工都能意识到网络安全的重要性并具备必要的安全知识。因此，构建一个全员参与的网络安全防御体系，让安全培训成为企业文化的一部分，是提高整体网络安全防护能力的关键。

第一，网络安全培训应当针对所有员工进行，无论其职位高低。从高层管理到前线员工，每个人都可能成为网络攻击的目标。培训内容需要涵盖基础的网络安全知识，如识别钓鱼邮件、使用强密码、保护敏感数据、安全使用移动设备和公共 Wi-Fi 等。此外，对于处理大量敏感数据的员工，如财务部门或人力资源部门的员工，应提供更深入的定制培训，以让他们应对可能面临的特定威胁。

第二，网络安全培训应定期进行，以保证信息的更新和有效性。网络安全环境在快速变化，新的威胁和攻击手段不断出现。定期更新培训内容，不仅能让员工了解最新的安全威胁，还能重申网络安全实践的重要性。此外，通过模拟攻击演练或安全知识竞赛等形式，可以增强培训的吸引力和实效性，帮助员工在实际操作中更好地应用所学知识。

第三，强化员工的责任感是网络安全培训的另一个重点。每位员工都应该意识到，保护企业的网络安全是其职责之一。企业可以制定明确的网络安全政策，并将遵守这些政策作为员工绩效评估的一部分。通过这种方式，员工会更加认真地对待网络安全培训，并在日常工作中积极执行网络安全措施。

第四，企业还应该鼓励员工报告潜在的安全问题和事件。建立一个开放和非惩罚性的报告系统，确保员工在遇到安全威胁或漏洞时，能够毫无顾虑地提出。企业应当及时响应这些报告，并采取必要的措施来解决问题。这种积极的反馈机制不仅能及时堵塞安全漏洞，还能增强员工的安全意识和责任感。

第五，企业应该评估网络安全培训的效果。这可以通过定期的安全测试、问卷调查或访谈来完成。了解培训效果，对于调整培训策略、内容和方法至关重要。有效的评估可以帮助企业持续改进培训计划，确保其符合企业的安全需求，并最终实现网络安全目标。

对员工进行网络安全培训是企业网络安全战略中不可缺少的一部分。通过持续和全面的培训以及强化员工的责任感，企业可以显著提高防御网络威胁的能力，保护组织免受潜在的网络攻击。

三、进行持续的网络安全评估与审计

在快速变化的网络环境中，持续的安全评估和审计是确保企业网络安全防护持续有效的关键环节。这种评估和审计不仅可以帮助企业识别当前的安全漏洞和不足，还可以预测潜在的风险，从而使企业及时调整和优化安全策略。

持续的安全评估意味着企业需要定期检查其网络、系统和应用程序的安全状况。这包括对网络的渗透测试、系统的漏洞扫描以及对重要数据的访问控制审查等。这些活动应该根据企业面临的特定风险和行业标准来定制，以确保关键资产能受到适当的保护。

安全评估的一个重要组成部分是漏洞管理。通过使用自动化工具扫描系统中的已知漏洞，并将发现的漏洞与公开的漏洞数据库进行对比，企业可以获得一个清晰的漏洞快照。重要的是，这种漏洞识别过程应该是持续进行的，因为新的漏洞和威胁几乎每天都会出现。对于识别出的每个漏洞，企业需要评估其风险程度，并根据优先级进行修补或采取缓解措施。

审计过程也至关重要，它不仅涉及技术审查，还包括政策和程序的评估。安全审计应该评估企业是否遵循了既定的安全政策，员工是否按照规定的安全操作程序行事。此外，审计应该检查安全培训的有效性，以及安全事故应对和恢复计划的充分性。

为了实现这一目标，企业应当建立一个跨部门的安全评估团队，该团队的成员包括 IT 安全专家、网络管理员和业务部门代表。这种跨职能团队可以从不同的角度评估安全策略的有效性，确保安全措施不仅在技术上是可行的，也符合业务目标和法规要求。

文档记录是安全评估和审计的重要方面。所有的评估结果和审计发现都应该详细记录，并存档以供未来参考。这些文档不仅是遵循合规要求的证据，也是评估安全措施效果和改进安全策略的重要基础。

基于评估和审计的结果，企业应定期更新其安全策略和程序。这包括调整防火墙设置、更新访问控制策略、重新配置安全监控工具或更新应急响应计划。持续的改进是企业保持网络安全防护有效性的必要条件，也是应对不断演变的威胁环境的基本策略。

通过实施持续的安全评估和审计，企业不仅能够及时发现并应对当前的安全威胁，还能够预测并准备应对未来的安全挑战。这一过程能够确保企业在保护关键资产和数据的同时，支持业务的持续发展和创新。

第三章　网络加密技术与信息保护

第一节　加密算法的原理与应用

加密技术是信息安全的核心，它通过数学和计算方法保护数据免受未授权访问。无论是个人的隐私信息、企业的商业秘密还是国家的安全信息，加密技术都能提供必要的保护。在这一节中，我们将深入探讨加密算法的原理及其应用，帮助读者理解这些技术是如何在现代通信和数据存储中提供安全保障的。加密算法基于复杂的数学结构，将明文转换为只有授权用户才能解读的密文。这个过程需要使用一个或多个密钥，而这些密钥的安全管理直接决定了加密强度。加密算法主要分为两类：对称加密和非对称加密，它们各有优缺点，可根据不同的安全需求和应用场景进行选择使用。

对称加密算法，如高级加密标准（Advanced Encryption Standard，AES）和数据加密标准（Data Encryption Standard，DES），使用同一个密钥进行加密和解密。这种算法的优点是计算速度快，适合于大量数据的加密，因此在文件加密和数据库保护等领域得到了广泛应用。然而，对称加密的主要挑战在于密钥的分发和管理，因为任何获取密钥的未授权方都能解密数据。

非对称加密算法有 RSA 和 ECC（Elliptic Curve Cryptography，椭圆曲线加密）。非对称加密解决了对称加密中的密钥分发问题，非常适用于开放的网络环境，如电子邮件加密和数字签名。其缺点是计算过程更复杂和缓慢，通常不适用于大规模数据的加密。

此外，现代加密技术还涵盖了哈希函数和数字签名等重要领域。哈希函数通过创建数据的唯一"指纹"来验证数据的完整性，这一技术在文件传输和软件分发中确保数据未被篡改方面发挥着关键作用。数字签名则结合了哈希函数和非对称加密，提供了一种验证消息或文件发送者身份和内容完整性的方法，是电子商务和在线交易的安全基础。

随着技术的发展和计算能力的提升，加密技术面临着不断的挑战和更新。量子计算的崛起预示着传统加密方法可能会被破解，从而推动了量子安全加密算法的研发。同时，加密标准的制定和实施也必须适应日益增长的安全需求和复杂的网络环境，确保技术的先进性和适应性。

加密算法的原理与应用是信息安全领域的重要基础，对于保护数字化世界的数据安全和隐私至关重要。通过不断学习和适应新的安全挑战，加密技术将继续在全球信息时代中发挥核心作用。

一、对称与非对称加密

在数字安全领域，加密技术是保护数据免受未授权访问的关键工具，它可以分为对称加密和非对称加密两种形式。每种加密方法都有其鲜明的特点和适用场景，理解这些技术的工作原理对于设计安全系统至关重要。

对称加密是一种较古老的技术，它使用同一把密钥来进行数据的加密和解密。这种方法在操作上简单且加解密过程快速，非常适合需要快速处理大量数据的场景，如文件加密和数据库保护。对称加密的典型算法包括高级加密标准、数据加密标准及其改进版本 3DES（Triple DES）。这些算法能够提供强大的安全保护，但它们共同的缺点是密钥管理问题。在对称加密系统中，如何安全地分发密钥是一个问题，因为密钥一旦在传输过程中被截获，加密的数据就容易被破解。

与对称加密不同，非对称加密使用一对密钥，即公钥和私钥。公钥用于加密数据，可以公开；私钥用于解密数据，必须保密。这种方法的一个重要应用是电子邮件的加密，其中发件人使用收件人的公钥来加密邮件，只有持有相应私钥的收件人才能解开。非对称加密的代表算法是 RSA，它不仅用于加密，还广泛用于数字签名。非对称加密最大的优点是解决了密钥分发的问题，使用户不需事先共享密钥就可以安全地交换信息。非对称加密的缺点是计算过程复杂，处理速度通常慢于对称加密，因此它通常不适用于大规模数据的加密。

在实际的安全实践中，对称加密和非对称加密通常被组合使用，以发挥各自的优势。例如，在安全的互联网通信协议 HTTPS（Hypertext Transfer Protocol Secure，超文本传输安全协议）中，首先使用非对称加密技术来安全地交换对称加密的密钥，然后使用对称加密来保护传输的数据。这种组合方法利用了非对称加密在密钥分发上的便利性和对称加密在数据处理上的高效性。

总体而言，无论是对称加密还是非对称加密，每种技术都有其重要的应用价值，也有其局限性。在设计安全系统时，选择合适的加密技术需要考虑数据的敏感性、处理效率和潜在的安全风险。不断学习和应用这些基本的加密原理，可以有效地保护信息免受现代数字威胁的侵害。

二、加密算法的选择

在当今数字化时代，选择适当的加密算法对于确保信息安全至关重要。加密技术的核心目的是通过将数据转换为无法被未授权用户理解的格式，来保护存储或传输中的数据不被非法访问。正确的加密算法选择可以帮助组织防御数据泄露、满足法律合规要求，并维护企业及其客户的信任。

在选择加密算法时，组织需要考虑多个关键因素，如安全需求的严格程度、系统资源的可用性、处理速度要求及预算限制。对称加密算法和非对称加密算法是两种主要的加密类型，它们各自适用于不同的应用场景。

对称加密使用同一密钥进行数据的加密和解密，是一种相对简单且速度较快的加密方法。由于其有高效的特点，对称加密适合需要加密大量数据的情况，如在线数据库交互和大规模数据文件的安全存储。对称加密的主要挑战在于密钥的安全分发和管理。若密钥在传输过程中被截获，加密的数据便容易被破解。

非对称加密，也称公钥加密，使用一对密钥——公钥和私钥。非对称加密提供了更高的安全性，尤其适合在不安全的网络环境中使用，如发送加密电子邮件和实现数字签名。非对称加密的缺点是其计算过程较复杂。

此外，选择加密算法还应考虑算法的适用性和未来的安全性。随着计算能力的提升和量子计算潜在威胁的存在，某些现有算法可能未来无法提供足够的保护。因此，跟踪最新的加密趋势和技术发展，定期更新和升级加密算法，是保持数据安全的重要策略。

对于合规性要求，尤其是在处理敏感信息如金融数据或个人健康信息时，选择符合行业标准和法规要求的加密算法尤为重要。例如，处理信用卡信息需要符合支付卡行业数据安全标准的规定。

加密算法的选择应基于对组织数据安全需求、系统性能、合规要求及成本效益的全面评估。在多变的技术环境中，维护一个既安全又高效的加密体系，需要组织持续地投入资源进行技术更新和人员培训。通过这种方式，组织可以有效地保护其信息资源免受日益复杂的网络威胁的侵害。

三、加密算法的安全性分析

在数字安全领域，加密算法的安全性分析是确保数据保护措施有效的关键环节。这一过程涉及对加密技术进行深入的评估，以确认其能够抵抗各种形式的网络攻击，如暴力破解、密码分析和侧信道攻击等。理解加密算法的原理和评估其安全性是设计安全系统的基础。

加密算法旨在将明文数据转换为无法被未授权用户理解的密文。理想的加密算法应具备不可逆性、扩散性和混淆性三个基本特性。不可逆性可确保在没有密钥的情况下，密文不能被轻易解密。扩散性意味着输入的微小变化会在输出中产生广泛和难以预测的效果，大大增加破解的难度。混淆性则要求加密算法在处理过程中，要使密文中不包含任何能指示明文内容的明显特征。

对于安全性的评估，首先是理论分析，这涉及通过数学和逻辑推理来验证算法的安全性。这种分析可帮助识别算法的理论缺陷，为进一步的算法改进提供依据。接下来是密码分析，这是通过模拟各种攻击情景来检验算法的抗攻击能力。这包括分析算法对于已知攻击类型的抵抗能力，如差分攻击、线性攻击、相关攻击等。

实际的实现也极其关键，因为理论上安全的算法如果实现不当，同样会暴露严重的安全风险。实现分析不仅包括代码审核，还涉及检查加密算法在软件和硬件中的实际运行，确认没有编程错误或其他可以被利用的漏洞。

侧信道攻击是一个特别的考量点，它指的是攻击者利用加密系统在实际运行中产生的物理可观测数据（如电磁波、功耗、处理时间等）来推断密钥。有效的安全分析需要考虑这些非传统的攻击途径，确保加密系统即使在面对这类威胁时也能保持稳固。

安全性分析的终极目标是确保加密算法不仅在理论上安全，而且在实际应用中能够有效地保护数据不受各种威胁的侵害。随着计算能力的提升和新型攻击技术的出现，持续的安全性评估成为必要，以确保即使在不断演变的安全威胁面前，加密措施依然能够提供强有力的保护。这一过程是复杂的，需要多学科的知识。

四、加密技术的实际应用

在当今数字化时代，加密技术在多个领域发挥着重要的作用，从个人数据到国家安全级别的信息都需要保护。这种技术的应用不只局限于特定领域，而是贯穿于日常生活的各个方面。

电子商务平台广泛应用加密技术来保护用户进行在线交易时的支付信息。使用 SSL/TLS 协议对信用卡信息进行加密，是保护用户数据不被截获的标准做法。这种做法不仅能确保数据传输过程的安全，还有助于维护消费者信任和满足法规要求，从而支持电子商务的健康发展。

随着移动设备在日常生活中的普及，全盘加密成了保护这些设备上存储的敏感信息的重要手段。例如，智能手机和平板电脑的制造商通常会集成高级加密标准来自动加密设备上的所有数据。这样，只有通过正确的安全认证（如密码、指纹或面部识别）才能访问这些数据，大大增强了设备在丢失或被盗的情况下的数据安全。

云存储服务是现代技术生活的一个关键组成部分，为用户提供了方便的数据存取方式。服务提供商如 Google Drive 和 Microsoft OneDrive 采用端到端加密来确保用户数据在上传、存储和访问时的安全性。这种做法保障了即使数据被拦截，未授权用户也无法解读数据内容，同时帮助服务提供商遵守严格的数据保护法规。

在国家安全层面，政府部门依赖于强大的加密措施来保护敏感的通信内容。非对称加密技术如 RSA 和 ECC，使政府机构能够安全地在全球范围内交换信息。此外，硬件安全模块（Hardware Security Module，HSM）的使用进一步增强了加密密钥的安全性，能确保密钥即使在物理上也难以被外部访问。

个人和企业用户可通过使用虚拟私人网络技术来保护其网络通信的隐私和安全。虚拟私人网络通过建立加密的隧道，确保所有通过该隧道的数据都能得到保护，无论是浏览网页、进行视频会议还是访问远程服务器，都能防止潜在的监听和数据泄露。

这些应用案例表明，加密技术是现代数字安全体系中不可或缺的一部分。随着技术的进步和应用的扩展，维护强有力的加密措施比以往任何时候都重要。不断优化和更新加密技术，可以有效地应对日益复杂的安全挑战，保护数据安全，维护个人隐私和国家安全。

第二节 保障信息的保密性、完整性及可用性

一、保障信息保密性的技术手段

在数字时代，保障信息的保密性是维护数据安全的核心任务之一。随着技术的进步和数据泄露事件的频发，开发和实施有效的技术手段以保护敏感信息免受未授权访问变得尤为重要。以下是一些主要的技术手段，它们在保护数据保密性方面发挥着关键作用。

加密技术是保护数据保密性最基本和最重要的手段之一。加密技术会将明文数据转换成密文，只有拥有正确密钥的用户才能解密并访问原始信息。加密分为对称加密和非对称加密两种形式。对称加密使用同一密钥进行加密和解密，操作速度快，适用于大量数据处理，如高级加密标准。非对称加密适用于不安全的网络环境中的数据传输，如 RSA 算法。

访问控制技术也对保护信息保密性至关重要。它通过定义谁可以访问哪些数据来确保只有授权用户才能访问特定信息。这包括基于角色的访问控制，它根据用户的角色分配访问权限；以及基于属性的访问控制（Attribute-Based Access Control，ABAC)，它根据用户的属性和环境上下文来动态授予权限。

数据脱敏处理是在需要对外提供或分享数据时保护敏感信息的一种方法。通过改变数据的表示方式，如通过数据掩码或生成伪数据来替代实际数据，脱敏技术可确保在数据的实用性和分析价值被保留的同时，个人信息或敏感数据得到保护。

此外，安全通信协议如安全套接字层和传输层安全协议为互联网上的数据传输提供了保密性保护。这些协议通过在数据传输过程中加密数据，确保数据在从发送方到接收方的过程中不被窃听或篡改。

虚拟私人网络技术通过建立加密的网络连接，保护用户在使用公共网络时的数据传输。虚拟私人网络技术使数据流通过一个安全的隧道，从而隔离开潜在的安全威胁，这在保护远程工作和访问敏感资源时尤为重要。

综合运用上述技术手段，可以有效增强数据的保密性，减少数据泄露的风险。对于任何依赖数据驱动决策和运营的现代组织来说，持续评估和升级这些保密措施是必需的。有效的保密策略不仅有助于遵守相关法规，还能够增强客户和合作伙伴的信任，保护企业免受潜在的经济和声誉损失。

二、维护数据完整性的策略

在信息安全领域，维护数据完整性是至关重要的。数据完整性可确保信息在存储、传输或处理过程中保持原始状态，不被未授权的人修改、删除或破坏。为了达到这一目的，采用多种技术手段和策略是必需的，这些措施可帮助防止数据被篡改，保证数据的准确性和可靠性。

数字签名是保护数据完整性的一种重要技术。它使用一种加密机制，通过对文件或消息的哈希值（即摘要）应用发送者的私钥来生成签名。接收方可以使用发送者的公钥来验证签名，如果哈希值匹配，则证明数据自签名以来未被更改。这种方法不仅能提供数据完整性的验证，还能确保发送者的身份验证，是网络通信中常用的一种安全措施。

哈希函数也是维护数据完整性的核心技术之一。哈希函数能将任何形式的输入数据转换成一个固定大小的哈希值，即使是对输入数据的微小更改也会在哈希值中产生显著的变化。因此，哈希函数非常适合用于检测文件或数据是否经过了未授权的更改。在数据备份、软件分发及安全下载等场景中，哈希值常用于验证数据的一致性和完整性。

权限控制是保护数据完整性的一个重要方面。确保只有授权用户才能访问或修改敏感数据，可以有效防止未授权的篡改。这通常通过实施基于角色的访问控制或基于属性的访问控制来实现。这些控制策略可确保用户只能根据其角色或属性访问他们需要执行工作任务的数据，从而减小内部和外部的数据风险。

为了进一步保护数据完整性，许多系统采用了冗余存储的策略。例如，在不同的物理位置保存数据的多个副本，即使一部分数据损坏或丢失，其他副本仍可用于数据恢复。此外，使用如循环冗余检查（Cyclic Redundancy Check，CRC）等错误检测和校正算法，可以在数据传输过程中自动检测和修正错误，进一步增强数据的完整性保护。

此外，系统和应用程序的日志记录功能也是确保数据完整性的关键组成部分。记录谁在什么时候访问了系统以及进行了哪些操作，可以帮助追踪潜在的未授权访问和数据篡改行为。这些日志能在安全事件发生后提供重要的审计轨迹，对于追责和恢复操作至关重要。

通过这些技术手段和策略的综合应用，组织可以有效地保护其数据的完整性，从而保证数据的准确性和可靠性，支持业务决策和操作的有效性。在不断变化的网络安全威胁环境中，持续更新和优化这些措施对于应对新的安全挑战至关重要。

三、确保系统的可用性

在数字时代，确保系统的可用性是维护信息安全的重要方面之一。可用性能够确保授权用户在需要时可靠地访问信息和资源，这对于业务的连续运营至关重要。设计系统时考虑高可用性可以防止服务中断，提高用户满意度，并保护企业免受潜在的财务损失。

冗余设计是提高系统可用性的基本方法之一。在关键系统组件上实施冗余，可以确保在部分系统出现故障时，整体服务仍能继续运行。这种设计通常涵盖服务器、网络连接和数据存储的多重备份。例如，多个数据中心可以同步运行，确保即使一个中心遭受攻击或自然灾害影响，其他中心仍能承担数据处理和服务的任务。

数据的定期备份和及时恢复是维护可用性的另一关键策略。企业应定期备份关键数据，并确保备份在安全的、与原始数据地理位置分离的地方。这样做不仅可以在数据丢失或系统损坏时迅速恢复业务操作，还能大大减少由数据丢失引起的运营中断时间。

故障转移系统是确保服务连续性的一个重要组成部分。在主系统出现故障时，自动切换到备用系统可以防止服务中断。这通常需要精心设计的系统架构，以确保在一个组件失败时其他组件能够无缝接管任务。

性能监控和维护也是保证系统可用性的重要手段。持续监控系统的运行状况，可以及时发现并解决可能导致系统不稳定或下线的问题。使用现代监控工具，可以实时跟踪硬件性能、软件运行状况及网络流量，从而预防潜在的系统过载或故障。

除了技术措施，确保用户能够正确使用系统同样关键。提供周到的用户培训和有效的技术支持可以帮助用户更好地利用系统功能，减少由用户错误操作引起的问题。此外，强化用户的安全意识是防止恶意攻击导致系统不可用的重要策略。

实施上述策略，可以大幅提高系统的可用性，确保业务能够在各种情况下持续运行。这不仅能够提升客户对企业的满意度，还能够在激烈的市场竞争中保持企业的稳定性和可靠性。随着技术的发展和威胁的多样化，不断更新和优化这些措施是应对未来挑战的关键。

四、平衡性能与安全

在现代信息系统中，平衡性能与安全是一项极具挑战性的任务。性能可确保系统快速响应和高效处理数据，而安全则可保护系统免受各种威胁。在许多情况下，增强安全性措施可能会牺牲系统性能，反之亦然。因此，系统设计师必须找到合适的平衡点，以满足业务需求和安全要求。

冗余设计是提高系统可用性的一种方式，但同时也可能影响系统性能。通过在关键组件上实现冗余，系统可以在部分组件失败时继续运行。然而，这种设计可能需要较多的硬件资源和数据同步操作，这些都可能降低系统的总体性能。

使用高效的加密技术可以保护数据传输和存储的安全，但加密和解密过程往往需要消耗大量的计算资源，使用强加密算法时更是如此。为了降低这种影响，可以选择适当的加密算法，根据数据的敏感性来调整加密强度，或者只对最关键的数据进行加密。

访问控制是保护系统安全的一个重要方面，它可确保只有授权用户才能访问特定的资源。实现详细的访问控制可能会增加身份验证的复杂性和管理开销，从而影响系统的响应时间。优化访问控制列表和策略，以及采用更高效的认证机制，可以在不牺牲安全性的前提下提高性能。

系统监控是确保系统健康和安全的关键环节。可以通过实时监控系统活动，迅速检测到性能瓶颈和安全威胁。然而，过度的监控可能会产生大量日志数据，给系统带来额外的处理负担。因此，需要精心设计监控策略，确保只收集必要的信息，并采用高效的日志管理系统。

在面对性能和安全的权衡时，一个重要的策略是进行持续的性能和安全评估。通过定期评估，安全团队可以了解安全措施对性能的具体影响，并根据实际情况调整策略。例如，如果发现某安全措施严重影响用户体验，可能需要寻找替代方案或调整现有措施以减轻其影响。

平衡性能与安全是一个动态的、持续优化的过程。这一过程涉及对当前的业务需求、技术能力和潜在风险的深入理解。只有通过不断调整和优化，才能确保系统既能高效运行，又能抵御日益复杂的安全威胁。在这一过程中，透明的沟通和多部门之间的合作是确保制定出有效策略的关键。

第三节　现代网络加密技术的挑战与前瞻

加密技术是数字安全领域的基石之一，随着信息技术的快速发展及其在全球范围内的广泛应用，加密技术面临着前所未有的挑战。从个人数据的保护到国家安全级别的通信保密，加密技术承载着保障信息安全的重要任务。然而，随着攻击者技术的升级和计算能力的增强，传统的加密方法受到了越来越多的威胁。此外，全球对数字隐私和数据保护的法律要求也在不断提升，这对加密技术的发展提出了新的要求。因此，探讨现代网络加密技术面临的挑战，并预见未来的发展趋势，对于维护数字世界的安全极为重要。

量子计算的潜在崛起对现有加密体系构成了根本性的威胁。量子计算机因其对某些数学问题的高效解决能力，特别是可以破解目前广泛依赖的公钥加密系统（如 RSA 和 ECC），而被认为是对现代加密技术的最大单一威胁。虽然真正的量子霸权尚未实现，但研究者和安全专家已经在积极探索"量子安全"加密算法，这些算法的目标是即便面对量子计算机的攻击也能保持坚固。

与此同时，随着物联网设备的普及，越来越多的设备被连接到互联网。这不仅极大地增加了数据生成的量，也扩展了潜在的攻击面。这些设备往往缺乏足够的安全措施，容易成为黑客攻击的突破口。因此，开发能够适用于资源受限环境的轻量级加密算法，同时确保这些算法的安全性，是现代加密技术面临的一大挑战。

此外，加密技术与全球数据保护法规之间的关系日益紧密。随着欧盟《通用数据保护条例》及类似法规的实施，企业和组织必须确保他们的加密措施能够满足法律要求，保护用户数据不被滥用。这不仅涉及技术的选择和实施，还包括对加密政策的管理。

未来的加密技术还需要能适应日益增长的跨国数据流。在全球化的经济环境中，数据常常需要跨境传输，这对加密技术的兼容性和国际协作提出了高要求。加密标准的国际化和统一化，尤其是如何处理跨境数据访问的法律争议方面，将是未来加密研究的重要方向。

现代加密技术需要不断发展和创新，以应对不断变化的技术挑战和复杂的国际法律环境。深入探讨这些挑战并寻找解决方案，可以确保加密技术继续在保护全球数字安全中发挥核心作用。

一、量子计算的威胁

在数字安全领域，量子计算的崛起被看作一把双刃剑。一方面，它承诺能够解决一些现代科学和工程中最复杂的问题，但另一方面，它对现有的加密体系构成潜在的巨大威胁。随着量子技术的进步，特别是在量子计算机的发展上，我们现在面临着重新思考和加强信息安全策略的必要性。量子计算机利用量子位（qubits）的能力，通过量子叠加和量子纠缠的现象，能够在极短的时间内解决传统计算机需要数年甚至数十年才能解决的问题。这种计算能力的增强，尤其是通过如 Shor 算法这样的程序，能够在多项式时间内解决大整数的质因数分解问题，直接威胁到目前广泛使用的公钥加密系统如 RSA 的安全性。RSA 系统的安全基础是建立在大数质因数分解的困难性上的，这对传统计算机来说是不可行的，但量子计算机却能轻易破解。

面对量子计算的这种潜在威胁，全球加密和网络安全社区已经开始寻找解决方案。量子安全或量子抗性加密是这一努力的重要组成部分。这些新的加密方法基于量子计算机预计难以解决的数学问题，如格密码学和多变量密码学问题。这些技术的开发和标准化工作正在进行中，旨在创造即便在强大的量子计算能力面前也能保持安全的加密方法。

此外，全球数据保护和隐私法规的加强也推动了对量子安全加密技术的研究。随着数据泄露事件的增多和公众隐私保护意识的提高，确保数据在未来的量子时代依然安全，已经成为政策制定者、企业和技术开发者的一项重要任务。尽管量子计算机的全面应用可能还有一段时间，但从长远来看，为量子时代做好准备是必要的。这包括在学术和工业界内部进行广泛的合作，以确保新的量子安全加密技术既可行又高效。对现有系统进行量子抗性升级，以及开发新的防御机制，将是未来几年网络安全领域的重要发展方向。

量子计算虽然为计算科学带来了前所未有的机遇，但同时也提出了前所未有的挑战。在这个快速发展的技术领域，持续的创新、国际合作和前瞻性的安全策略将是保护数字世界免受未来威胁的关键。通过这些努力，我们可以利用量子计算的潜力，同时确保信息系统在面对这些新兴技术时能够安全、稳定地运行。

二、后量子密码学的研究

在数字安全领域，量子计算的兴起标志着一个新时代的开始。这种新兴技术预计将在未来几十年内颠覆包括密码学在内的多个行业。随着量子计算机在理论和实践中的快速发展，传统加密方法的安全基础——依赖于数学问题的计算难度，正受到前所未有的威胁。这种情形促使了对后量子密码学（Post-Quantum Cryptography，PQC）的研究，这是一种即便面对量子计算机的强大解密能力也能保持安全的加密方法。

后量子密码学的研究重点在于开发基于那些对于量子算法仍然具有计算难度的数学问题的加密技术。这些数学问题包括格问题、多变量多项式问题和某些类型的编码问题，这些被认为是即使在量子技术下也难以有效解决的问题。与现有的加密技术不同，后量子密码学算法的安全性不依赖于传统计算机处理能力的限制，而是建立在量子计算机也难以解决的问题上的。

后量子密码学的研究并不是无中生有。例如，格基加密利用数学中的格结构问题，这些问题在数学上已经存在了数百年，但直到最近才因其抵抗量子计算的潜力而被引入密码学研究中。同样，多变量密码学和基于编码的加密方法也有深厚的数学理论支持，为实现量子时代的安全通信提供了可行的技术路径。

然而，尽管后量子密码学提供了一条潜在的道路来应对量子计算的威胁，这一领域仍面临诸多挑战。首先是效率问题，一些后量子算法如格基加密通常需要较大的密钥尺寸和复杂的计算过程，这可能导致在实际应用中的性能问题。其次，由于这些算法相对较新，它们的安全性需要在长时间内经过广泛的测试和分析才能得到证实。

此外，为了推动后量子加密技术的实用性，需要全球范围内的合作与标准化方面的努力。例如，美国国家标准与技术研究院已经启动了一项旨在评估和标准化后量子密码学算法的项目，预计将选择一系列算法作为国际标准。这些标准化实践对于确保全球通信的安全性和互操作性至关重要。

后量子密码学是信息安全领域对抗量子计算威胁的一个关键研究方向。随着量子技术的不断进步，开发和部署能够抵抗量子解密能力的加密方法将对保护全球数字通信的安全发挥重要的作用。尽管面临挑战，但通过持续的研究、国际合作和技术创新，我们可以期待在不久的将来，后量子密码学会为网络空间提供坚实的安全保障。

三、长期数据保护的策略

在数字时代，数据成了最宝贵的资产之一。随着数据量的急剧增加和信息技术的快速发展，确保长期数据保护变得尤为重要。这不仅涉及防止数据丢失，还包括保护数据免受未授权访问，并确保数据在长时间内的可用性和完整性。长期数据保护的策略需要综合考虑技术、管理和法律等多个层面。

定期备份是一项基本且重要的策略。企业和机构应定期将关键数据备份到安全的、与主数据地理位置分离的存储系统中。这些备份应包括全备份和增量备份，以确保在任何情况下数据都能被恢复到最近的状态。备份数据的存储介质应选择稳定性高的，如磁带、硬盘或云存储，这些介质各有其优势和限制。磁带虽然访问速度较慢，但成本低且耐用，适合长期存储大量数据；硬盘和云存储则能提供更快的数据访问速度和更高的灵活性。

实施高效的数据归档策略对于进行长期数据保护同样关键。数据归档涉及将不常访问且需要长期保存的数据转移到专门的存储系统中。归档数据应根据数据的重要性、访问频率和法规要求进行分类管理。有效的数据归档不仅可以优化存储资源，还能提高数据检索的效率，并减少主存储系统的负担。

数据加密也是确保长期数据安全的重要技术。通过对存储和传输的数据进行加密，即使数据被盗取，未授权者也无法解读数据内容。选择合适的加密技术和管理密钥的策略是实现长期数据保护的关键。随着时间的推移，加密技术可能会被破解，因此需要定期评估和更新加密算法和密钥管理策略，以抵御新的安全威胁。

为了防止数据在长期存储过程中因技术过时而变得不可读，采用开放格式和标准化数据格式存储数据是一个明智的选择。开放格式如 XML（Extensible Markup Language，可扩展标记语言）和 CSV（Comma-Separated Values，逗号分隔值）等，可确保数据即使在原始应用软件不再被支持的情况下仍然可以被访问和使用。

制订详细的灾难恢复计划和业务连续性计划也是一种长期数据保护策略。这些计划应包括数据恢复的具体步骤和时间目标，确保在发生系统故障、自然灾害或其他意外事件时，关键数据能够快速恢复，业务活动能够尽快恢复正常。

遵守相关的法律和行业规范是实现长期数据保护的法律基础。随着数据保护法律法规的不断更新，企业和机构必须确保其数据保护策略符合最新的法律要求，包括数据保护、隐私保护及跨境数据传输的规定。

长期数据保护是一个复杂的过程，需要多方面的考量和持续的努力。实施有效的备份、归档、加密、数据格式管理和法律遵从等策略，可以确保数据在长期内保持安全、完整和可用。这不仅能保护组织的核心资产，还能维护企业的信誉和客户的信任。

四、网络加密技术的未来趋势

随着技术的快速发展和全球数据量的爆炸性增长，未来加密技术将面临前所未有的挑战。从传统的加密方法到后量子密码学的探索，从增强的隐私保护到更复杂的安全需求，加密技术将呈现多元化的发展方向。

第一，量子计算的发展将继续对加密技术构成挑战。量子计算机因其对特定类型算法的超高效处理能力，特别是能够在理论上破解当前广泛使用的公钥加密系统，如 RSA 和 ECC，这直接威胁许多依赖这些系统的安全通信。因此，研究和开发量子安全的加密算法，即那些即使在量子计算时代依然坚固的加密方法，将是未来加密技术研究的重点。这些研究不仅包括寻找全新的加密算法，还包括对现有算法的改进，以确保它们在面对量子计算能力时的安全性。

第二，随着物联网设备的普及和 5G 技术的推广，更多的设备将被连接到互联网，从智能家居设备到工业控制系统。这些设备往往在设计时没有将安全性放在首位，因此，开发适合这些设备的轻量级加密技术将成为一个重要趋势。这类技术需要在保证安全性的同时，考虑设备的处理能力、能源消耗和存储限制，以适应不同设备的具体需求。

第三，隐私保护法律和规范的增强将推动加密技术的应用。例如，欧盟的

《通用数据保护条例》及类似的全球法规要求对个人数据提供更高级别的保护。这些法规的实施会促使企业和组织采用加密技术来保护存储和传输的数据，以避免法律风险和高额罚款。因此，加密技术将更多地被集成到企业的数据处理和存储流程中，成为常规的数据保护手段。

第四，加密技术会向更智能化和更自动化的方向发展。随着人工智能和机器学习技术的进步，更加智能的加密管理系统将被开发出来，这些系统将能够根据实时的安全态势和威胁分析自动调整加密策略和密钥管理。这不仅可以提高加密的效率，还可以更好地适应动态变化的网络环境和安全威胁。

第五，对用户透明和易用性的需求也将推动加密技术的发展。随着对数字隐私和安全意识的提高，越来越多的用户期望在不牺牲便利性的情况下获得强有力的数据保护。因此，未来的加密技术需要更加用户友好，让普通用户也能轻松管理和应用，而不仅仅是安全专家的专属领域。

综合来看，未来加密技术将向多方面发展，不仅要应对新兴技术带来的安全挑战，还要适应全球化的法规要求和日益增长的用户需求。通过不断的技术创新和国际合作，我们可以预见一个更加安全和便捷的数字世界。

第四章 恶意软件与攻击防护

第一节 恶意软件的类型与特征

在数字时代，恶意软件已成为网络安全领域的一个重大挑战。它们不断演变，形式多样，对个人用户和企业构成了严重威胁。恶意软件是专门设计来破坏或非法入侵计算机系统、网络和设备的软件程序。从简单的病毒到复杂的勒索软件，它们的目的多种多样，包括窃取敏感信息、损害数据完整性或索取赎金。恶意软件的类型广泛，包括病毒、蠕虫、特洛伊木马、勒索软件、间谍软件和广告软件等。

病毒是一种需要宿主文件才能传播的恶意软件，它通过附着在文件上实现自我复制和传播。与病毒不同，蠕虫不需要宿主文件，能够自行在网络中传播，利用系统的漏洞进行快速扩散。特洛伊木马会伪装成合法软件，诱导用户下载和执行，从而执行恶意操作。勒索软件则是通过加密用户的文件并要求支付赎金以恢复访问权限，近年来已成为极具破坏性的威胁之一。间谍软件和广告软件虽然通常不直接破坏系统，但会侵犯用户隐私，监视用户行为或在不受欢迎的情况下显示广告，影响用户体验和设备性能。

随着技术的进步，恶意软件的技术也在不断升级，变得更加难以检测和防御。现代恶意软件常常使用复杂的逃避技术，如多层加密、多态性和自我修改代码，这些技术使它们能够逃避传统的基于签名的防病毒检测。此外，随着云计算和物联网设备的普及，恶意软件的攻击面也在不断扩大，这要求防御策略也要适应新的计算环境。

为了有效防御恶意软件，需要采取多层防御策略。这包括定期更新操作系统和应用程序以修补已知漏洞，使用先进的防病毒和反恶意软件解决方案来检测和隔离威胁，以及实施严格的网络安全策略，如使用防火墙、入侵检测系统和数据加密技术。同时，用户教育也至关重要，提高用户对各种网络威胁的认识，教他们识别潜在的恶意软件攻击，如钓鱼邮件和欺诈链接，是减少恶意软件感染的有效手段。

此外，随着人工智能和机器学习技术的发展，未来的恶意软件防御策略将更加依赖于自动化和智能化的解决方案。这些技术可以帮助人们更快地识别新的恶意软件变种，预测攻击趋势，并自动应对复杂的安全事件，从而提高整体的网络防御能力。

随着恶意软件威胁的不断演变，维护网络安全需要持续的努力和创新。综合运用技术、管理和教育等多种策略，可以构建更强大和灵活的防御体系，有效保护数字资源免受恶意软件的侵害。

一、病毒、蠕虫与特洛伊木马

在数字安全领域，恶意软件是持续不断的威胁之一，其中最为人熟知的类型包括病毒、蠕虫和特洛伊木马。这些恶意软件不仅能损害个人和企业的计算资源，还可能会导致重要数据损失和隐私泄露。了解这些恶意软件的工作原理和传播方式是制定有效防御策略的第一步。

病毒通常寄生在其他程序或执行文件中，当宿主程序运行时，病毒也会被激活，执行其设计的恶意行为，如删除文件、窃取数据或破坏系统功能。病毒的传播通常依赖于用户的不慎行为，如打开未知来源的电子邮件附件或下载并运行来路不明的程序。一旦激活，病毒就会自我复制并寻找新的宿主文件继续传播，这种自我复制的能力使得病毒极具破坏力。

与病毒类似，蠕虫也是能够自我复制的恶意软件，但它不需要宿主文件就能独立运行。蠕虫通过网络自行传播，利用操作系统的漏洞、网络服务的缺陷或应用程序的弱点进行传播。一旦入侵，蠕虫可以迅速在整个网络中扩散，感染大量的计算机系统。蠕虫常常被用于执行网络攻击，如分布式拒绝服务攻击，或为其他恶意软件打开后门，从而造成更广泛的安全问题。

特洛伊木马则是一种更隐蔽的恶意软件，它会伪装成正常的软件诱骗用户下载和安装。与病毒和蠕虫不同，特洛伊木马本身不会自我复制，但它可以执行一系列破坏活动，如记录键盘输入、窃取敏感信息、下载和安装其他恶意软件，甚至控制受感染的计算机。特洛伊木马的危险之处在于它能够悄无声息地潜伏在系统中，用户往往会在不知不觉中将其安装到自己的设备上。

防御这些恶意软件的关键在于采取多层次的安全防护，进行用户教育。保持操作系统和所有应用程序的更新是基本的防御措施，因为许多恶意软件会利用已知漏洞进行攻击。使用更新的防病毒软件和防火墙可以有效阻止大多数已知的恶意软件。此外，定期备份重要数据可以在数据被破坏或加密时，快速恢复到安全状态。

　　然而，技术手段虽重要，用户的警觉性同样不可或缺。教育用户不要随意点击未经验证的链接，不下载来源不明的文件，不打开可疑的电子邮件附件，这些都是防止恶意软件感染的方法。此外，为用户提供关于最新网络威胁和最佳安全实践的培训也是增强整体网络安全的关键环节。

　　病毒、蠕虫和特洛伊木马各有其特点和传播方式，它们构成了严重的安全威胁。实施综合的安全措施和增强用户的安全意识，可以有效地减轻这些恶意软件带来的风险。随着网络环境的不断变化，持续的警惕和合适的安全策略将成为保护数字资产不受侵害的关键。

二、勒索软件与广告软件

　　在当前的数字时代，网络安全面临着多种挑战，其中勒索软件和广告软件是两种极具破坏性和侵扰性的威胁。这些恶意软件不仅危害个人用户的数据安全和隐私，也对企业和组织造成了重大的经济和信誉损失。

　　勒索软件通过加密用户的重要文件和数据，并要求支付赎金来解锁，来实现其经济利益。这类软件的危害极大，它直接威胁数据的安全和可用性，常常给受害者带来操作中断和严重的财务负担。勒索软件的传播手段多样，包括但不限于通过钓鱼邮件、伪装的软件更新、受感染的网站和网络漏洞。一旦系统被感染，恢复工作既费时又复杂，有时即使支付了赎金，数据也未必能得到完全恢复。

　　与勒索软件不同，广告软件虽然通常不直接破坏文件，但会通过弹出大量的广告干扰用户，影响设备的性能，并可能通过追踪用户的浏览行为来收集个人信息。这类软件通常通过免费的应用程序或软件捆绑传播，让用户在不知情的情况下下载并安装带有广告软件的程序。虽然广告软件看似不像勒索软件那样具有直接的破坏性，但它侵犯了用户的隐私，并且可能是更危险的恶意软件的携带者。

　　对抗这些恶意软件的最佳策略是采用多层防御方法。对于勒索软件，最有效的防御措施有定期备份数据、保持软件和操作系统的最新状态、使用信誉良好的安全软件，并提高员工对网络钓鱼和其他社交工程攻击的警觉性。备份是特别重要的，因为它可以在数据被加密后提供恢复选项，从而减轻勒索软件攻击的影响。

　　对于广告软件，用户应安装广告拦截工具和反恶意软件，并谨慎检查软件的下载来源，避免从不可信的网站下载程序或文件。此外，定期更新浏览器和其安全插件也可以有效防止广告软件的侵扰。

教育用户识别潜在的网络威胁可以有效对抗恶意软件。通过定期的安全培训和教育，增强用户的安全意识，可以大大降低恶意软件的感染率。在不断变化的网络环境中，保持警觉并采取积极的预防措施是保护数据安全的重要策略。

三、跨平台与移动恶意软件

随着技术的进步和移动设备的普及，恶意软件也逐渐演变成跨平台和移动设备的主要威胁之一。这种变化不仅反映了技术使用模式的转变，也表明了攻击者在快速适应并利用新的技术环境来扩展其攻击范围。跨平台恶意软件是指那些能在多个操作系统上运行的恶意软件，包括 Windows，macOS，Linux 甚至移动操作系统如 Android 和 iOS。这类恶意软件的出现是技术一体化趋势的直接结果，它使得攻击者能够通过单一的恶意代码基础来攻击更广泛的受众。例如，某些勒索软件就被设计为可以在多种操作系统上加密用户文件，增加了攻击者的潜在收益。

智能手机和平板电脑在日常生活中扮演着越来越核心的角色，移动恶意软件，特别是在这些设备上的威胁不断增加。移动设备上的恶意软件可以通过各种渠道传播，包括通过恶意应用、短信发送的链接甚至 Wi-Fi 网络。它们的目的可能是窃取个人信息、追踪用户行为、发送垃圾邮件，或者激活设备的摄像头和麦克风进行间谍活动。

对于跨平台恶意软件的防御，挑战在于它们有隐蔽性和多变性。这类恶意软件可能会利用在多个系统上都存在的软件漏洞，或者在一个平台上感染后寻找机会传播到其他平台。因此，跨平台防御策略需要在所有操作系统和设备上保持一致性，确保所有端点都有适当的安全措施，包括防病毒软件、防火墙和入侵检测系统。

对付移动恶意软件，首要任务是增强用户对于下载来源的警觉性。从官方应用商店下载应用，并定期检查应用权限，是防止恶意软件入侵的有效方法。此外，保持操作系统和应用程序的最新状态也至关重要，因为这可以减少攻击者利用已知漏洞的机会。

此外，企业在面对跨平台和移动恶意软件时，可以采用统一的端点管理解决方案来监控和管理所有设备的安全状态。这种解决方案可以提供集中的威胁检测和响应机制，从而更有效地管理跨多个平台的安全威胁。

随着我们生活和工作方式的转变，跨平台和移动恶意软件的威胁迅速成为一个不可忽视的问题。这要求我们不仅要在技术上进行防御，更需要在用户教育和安全政策制定上进行投入和创新。通过综合的安全措施和持续的警觉，我们可以有效地降低这些新威胁对个人和组织安全的影响。

四、恶意软件的发展趋势

在数字化时代，恶意软件的发展已达到前所未有的复杂性和隐蔽性，对个人用户和企业构成了严重威胁。从传统的病毒、蠕虫到现代的勒索软件和多平台攻击工具，恶意软件的演变不断适应技术的进步，给安全防御带来挑战。以下是恶意软件发展的几个显著趋势，这些趋势揭示了恶意软件是如何成为网络安全领域中一个持续且复杂的问题的。

第一，恶意软件正变得日益定制化，攻击者不断研发专门针对特定行业或系统的攻击工具。这种定制化的发展使得攻击极具针对性，能够有效突破传统的安全防护措施。例如，针对金融行业的恶意软件可能专门设计来窃取信用卡信息和财务数据，而针对医疗行业的则可能旨在窃取敏感的病历信息。

第二，随着物联网设备的普及，恶意软件开始扩展其攻击范围。物联网设备往往缺乏足够的安全防护，容易成为恶意软件的攻击目标。例如，智能家居设备和未加密的网络摄像头可以被利用来创建庞大的僵尸网络，进行大规模的分布式拒绝服务攻击。

第三，恶意软件的传播方式也更加多样和隐蔽。现代恶意软件经常通过社交工程技术，如钓鱼邮件和欺骗性广告来诱导用户下载或点击。一旦用户不慎行动，恶意软件就能迅速安装并激活，甚至不需要用户有明显的操作介入。

第四，勒索软件的威胁在近年来急剧上升，成为最具破坏性的恶意软件之一。它利用加密技术锁定重要数据，并要求支付赎金来解锁。这类攻击不仅会给受害者带来经济损失，还可能导致重要数据永久丢失。勒索软件的成功案例促使越来越多的黑客采用此类攻击手段，形成了一个恶性循环。

第五，随着云计算和移动设备的广泛应用，恶意软件开始利用这些平台的特定弱点。例如，云存储服务的配置错误和移动应用的安全漏洞都可能成为恶意软件攻击的突破口。这要求安全策略必须跟上技术的发展，不断更新以对抗与日俱增的恶意软件威胁。

恶意软件的持续演进是网络安全中一个复杂且不断变化的挑战。对抗这些威胁需要综合运用技术、法规和教育等策略。可以通过持续的监控、及时的更新和广泛的用户教育，有效降低恶意软件造成的风险，保护数字世界的安全。

第二节　网络攻击的识别与防御

在当前的网络环境下，识别和防御网络攻击成了维护信息安全的重要组成部分。随着攻击者技术的不断进步，他们使用的方法也越来越多样化，包括且不限于分布式拒绝服务攻击、钓鱼攻击、SQL 注入和跨站脚本攻击等。每种攻击都有其鲜明的特点，相应对策也需要有针对性地进行调整和优化。

识别网络攻击，主要依靠监控网络流量、审查系统日志及分析异常行为。例如，分布式拒绝服务攻击可以通过监测到异常的流量增加来识别，这类攻击通常会导致巨大的流量涌入，远超正常水平。钓鱼攻击常通过发送看似合法的电子邮件来诱使用户点击恶意链接或附件，可以通过检查邮件的来源、链接的 URL（Uniform Resource Locator，统一资源定位系统）和内容的可疑点来辨识。SQL 注入通常表现为对数据库的非法查询尝试，可以通过设置数据库的安全警报和监控异常查询来进行检测。跨站脚本攻击则通过在用户浏览器上执行非法的 HTML（HyperText Markup Language，超文本标记语言）或 JavaScript 代码来实施，通常需要通过对网站代码的仔细审查和强化输入验证来防御。

防御这些网络攻击需要一个综合的安全策略，结合技术、管理和教育多个方面。首先，部署防火墙和入侵检测系统是防御网络攻击的重要防线。防火墙可以阻止未授权的访问尝试，而入侵检测系统能够对网络中的可疑行为进行实时监控和警告。其次，数据的加密也是防止信息被窃取或篡改的有效手段，尤其是在数据传输过程中。软件和系统的定期更新也至关重要，因为许多网络攻击都是利用已知的软件漏洞来进行的。持续更新系统和应用程序，可以修补这些安全漏洞，阻止攻击者的利用。

同时，用户教育和培训也不可忽视，许多网络攻击如钓鱼和社交工程攻击，往往利用用户的无知或疏忽来进行。通过提高用户的安全意识和教育他们识别潜在的威胁，可以大大降低这类攻击的成功率。此外，制订有效的灾难恢复计划也是防御网络攻击的关键部分。在攻击发生时，迅速响应并恢复系统的运行是减轻损失的重要措施。这需要事先进行彻底的风险评估和备份计划，确保在数据丢失或系统损坏时，快速恢复到正常状态。

随着网络攻击的不断演化，防御策略也需要不断地调整和更新。实施多层次的安全措施，结合技术防御、管理策略和用户教育，可以有效地防御各种网络攻击，保护组织和个人的数据安全。在数字化日益深入的今天，保持警觉并采取积极的预防措施是保护数字资产不受侵害的关键。

一、识别网络攻击的技术

在网络安全领域，识别和防御网络攻击是一项持续且复杂的挑战。随着黑客技术的日益更新和多样化，传统的防御手段已难以应对新兴的威胁。因此，发展和应用高效的攻击识别技术成为保护网络安全的关键。

基于行为的检测技术是现代网络安全中非常重要的一环。与依赖特定病毒签名的传统方法不同，这种技术可通过分析系统或网络的行为模式识别潜在的威胁。通过建立正常活动的行为基线，它可能将偏离这一基线的活动都标记为可疑，从而提前阻止攻击发生。这种方法特别适合检测未知威胁和零日漏洞攻击。

沙盒技术提供了一个安全的环境来运行和分析可疑程序，而不影响主系统。在这个隔离的环境中，可以观察程序的实际行为，如尝试联网、修改系统文件或注册表等。通过这种方式，沙盒技术不仅能帮助安全团队识别恶意软件，还能分析恶意软件的工作原理和攻击向量。

网络流量分析是一个重要的攻击识别技术。通过实时监控和分析数据流，安全系统可以快速识别异常模式，如大量数据突然流出、不寻常的登录尝试或非授权的数据库访问等。这些异常行为可能是网络攻击，如 DDoS 攻击、SQL 注入或跨站脚本攻击的早期迹象。

人工智能和机器学习的运用正在彻底改变攻击识别领域。这些技术能够从海量数据中学习和提取有用的模式，自动识别和抵御新的威胁。通过不断学习和调整，人工智能和机器学习能够使网络防御系统更加灵活和智能，对抗日益复杂的网络攻击。

蜜罐技术是一种主动防御措施。它通过设置诱饵资源吸引攻击者，不仅能够识别攻击者的行为和策略，还能收集关于攻击方法的宝贵情报。这些信息对于了解攻击者的行为模式、使用的工具和攻击动机至关重要。

随着网络环境的不断演变和新技术的不断涌现，攻击识别技术必须持续进化以应对新的安全挑战。通过结合多种识别技术和不断更新安全策略，可以构建一个更强大和更灵活的网络防御系统，有效地保护关键信息资源免受攻击和侵害。这要求网络安全专家不断探索新的技术和方法，以确保在动态变化的威胁环境中保持领先。

二、防御网络攻击的机制与策略

在网络安全领域，防御机制和策略的有效性对于保护组织免受攻击至关重要。随着网络攻击手段的日益多样化和复杂化，单一的防御措施已无法为人们提供足够的保护。因此，构建多层防御策略和综合安全架构成为必然趋势。这种方法涉及从物理安全到应用程序安全的多个层面，目的是在攻击者通过任一安全层次之前被检测到并阻止。

防火墙是防御网络攻击的一道防线。防火墙可以是硬件也可以是软件，其主要功能是监测和控制进出组织网络的数据，阻止未经授权的访问。设置合适的防火墙规则至关重要，这包括定义哪些服务和应用可以接收外部数据，哪些应被阻止。

入侵检测系统（IDS）和入侵防御系统（IPS）是网络防御的重要组成部分。IDS用于监测网络和系统活动，寻找可能表明存在安全威胁的迹象和模式。一旦检测到可疑活动，IDS会向管理员发出警报。与IDS相比，IPS则更进一步，不仅能检测攻击还能自动采取措施阻止它们。

数据加密是保护存储和传输中数据安全的关键技术。通过对敏感数据进行加密，即使数据被非法访问，攻击者也无法直接读取其内容。加密可以应用在各种数据传输协议上，如HTTPS，FTP over SSL等，以及在数据库、文件服务器和其他存储设备中对存储的数据进行加密。

安全配置管理是确保所有系统和软件都按照最佳安全实践进行配置的过程。这包括定期更新操作系统、应用程序和固件，以修补已知的安全漏洞。此外，应最小化不必要的服务和应用，确保系统上只运行必要的组件，从而减少潜在的攻击面。

网络分段和隔离也是一种有效的策略。将网络划分为不同的逻辑部分，可以限制攻击的传播。例如，敏感的数据和关键的系统可以放在受限的网络区域内，只有特定的用户和服务才能访问。

用户培训和安全意识的提升也是防御网络攻击中不可忽视的部分。很多攻击，特别是钓鱼攻击，都是利用用户的安全意识不足来实施的。定期的安全培训可以帮助用户识别和避免此类攻击，强化他们的安全行为。

备份和灾难恢复计划是应对网络攻击的最后一道防线。定期备份关键数据并在安全的位置存储多个副本，可以在数据丢失或系统受损时迅速恢复运营。同时，详尽的灾难恢复计划应该包括在各种网络攻击情景下的响应策略，确保业务连续和数据完整。

有效的网络防御策略需要一个多层次的方法。这种综合性的安全策略可以大大增强组织对抗日益复杂的网络攻击的能力，保护关键的信息资产免受威胁。

三、应对高级持续性威胁的方式

高级持续性威胁（APT）是网络安全领域中最复杂的攻击类型之一，它们由高度专业化的团队执行，目的通常涉及长期的间谍活动、数据盗窃或破坏关键基础设施。APT 攻击的持续性、高度定制化的攻击技术及对目标的深入了解使得它们难以防御。面对这类威胁，组织需要采取一系列综合性的策略来增强防御和应对能力。

威胁情报是应对 APT 攻击的首要工具。有效的威胁情报可以帮助组织预见并准备应对潜在的攻击，通过跟踪和分析全球安全事件，组织可以了解攻击者可能采用的工具、技术和程序。这些信息对于加强安全防护和及时响应攻击尤为重要。

网络分割和隔离策略也是防御 APT 攻击的重要手段。将网络划分为多个独立的段，可以有效地限制攻击者在系统内部的横向移动，防止他们访问关键数据和资产。对于存放敏感数据的网络部分，应实施额外的安全措施，如增强监控和严格访问控制。

强化入侵检测和防御系统的部署是检测和防御 APT 攻击的核心技术手段。这些系统能够监控网络和系统活动，利用先进的行为分析技术来识别异常模式，从而较早地发现攻击迹象。结合实时安全监控，这些工具能够帮助安全团队快速识别和响应安全事件，减少潜在的损害。

端点的安全加固也不容忽视。随着越来越多的设备连接到网络，每一个终端都可能成为 APT 攻击的入口。因此，确保所有设备都安装最新的安全补丁和防病毒软件，以及实施多因素认证和强密码政策，对于保护组织的网络安全至关重要。

培训员工对于提高整体安全意识和能力也是必不可少的。APT 攻击常常利用网络钓鱼等社交工程技术来初步渗透目标网络。通过定期培训，帮助员工识别和处理钓鱼邮件、可疑链接和未经授权的信息请求，可以大幅减少安全事件的发生。

此外，确保数据的定期备份和制订全面的灾难恢复计划对于应对 APT 攻击导致的数据破坏或丢失同样重要。在攻击发生后，迅速恢复关键数据和服务是最大限度减少损失的关键。

面对高级持续性威胁，没有单一的解决方案可以提供完全的保护。只有通过多层防御策略的实施，结合技术、人员和过程的全面整合，组织才能提高对抗这些复杂威胁的能力，保护其关键资产和业务运营免受损害。

四、网络攻击的国际案例分析

在全球范围内，网络攻击已经成为重大的安全威胁，涉及国家、企业和个人。通过分析几个重要的国际网络攻击案例，我们可以更好地理解这些攻击的复杂性、攻击者的策略和攻击造成的影响。

2014 年，黑客对索尼影业进行了网络攻击。有消息称，这次攻击可能与朝鲜有关，这是对索尼即将上映的电影《采访》的报复行动。黑客组织不仅使索尼的网络瘫痪，还窃取并公开了大量敏感信息，包括电子邮件、员工个人数据和未发布电影的副本。这起攻击引起了国际关注，突显了娱乐产业在数字安全方面的脆弱。

2015 和 2016 年，黑客通过网络攻击破坏了乌克兰的国家电力设施，导致数十万居民暂时断电。这是首次通过网络攻击对国家基础设施造成实际损害的事件，揭示了关键基础设施在面对网络攻击时的安全漏洞。

2017 年的 WannaCry 勒索软件攻击影响了全球 150 多个国家的计算机系统，包括医院、学校和企业，造成较大范围的混乱和经济损失。该勒索软件利用 Windows 系统的一个漏洞迅速传播，要求受害者支付赎金以解锁被加密的数据。此次事件显示了软件和系统更新的重要性以及全球范围内的网络安全挑战。

2020 年的 SolarWinds 攻击通过植入恶意代码到广泛使用的网络管理软件，影响了美国多个政府机构和全球大型企业。这种供应链攻击的复杂性和隐蔽性展示了 APT 攻击的高级性，以及在全球化供应链中潜在的安全风险。

这些案例表明了网络攻击的多样性和严重性。攻击者可以利用各种手段进行破坏活动，包括恶意软件、勒索软件、供应链攻击和利用未知漏洞进行的攻击。因此，防御这些攻击需要全面的策略，包括技术防御、组织政策、员工培训和国际合作。同时，这些事件强调了即时更新和打补丁的重要性，以及进行定期安全审查和加强应急响应能力的必要性。总之，随着网络技术的快速发展，全球各地的组织和个人必须提高警惕，加强防御措施，以应对日益严峻的网络安全威胁。

第三节　防病毒技术与防火墙的应用

在现代网络安全的领域中，防病毒技术和防火墙的应用被认为是构建组织网络防御系统的基础。随着网络攻击方式的不断演化，从最初的简单病毒到现在的复杂多样的网络威胁，防病毒技术和防火墙已经发展成为抵御攻击的重要工具，也是保护信息资产不受侵害的一道屏障。

从技术的角度来看，防病毒软件和防火墙有着本质的区别和互补的功能。防病毒软件主要通过识别、隔离和消除恶意软件来保护计算机系统不受病毒、蠕虫、特洛伊木马等恶意代码的感染。它们通常使用基于签名的检测方法来识别已知的威胁，这要求防病毒软件的数据库定期更新，以跟上新出现的恶意软件的步伐。然而，随着攻击者技术的提升，仅依赖传统的签名匹配已经无法满足防御需求。因此，现代防病毒解决方案开始采用更先进的技术，如行为分析、启发式检测和机器学习，这些技术能够识别未知的或是零日攻击，为防病毒技术带来新的生命力。

另外，防火墙作为网络安全的第一道防线，它管理并监控进出网络的数据流，阻止未授权的网络访问。传统的防火墙主要基于预定义的规则集来允许或拒绝特定的网络流量，这种方法在早期网络相对简单的时候效果显著。然而，随着网络环境的复杂性增加，如加密流量的普及和复杂的网络应用，传统防火墙的功能面临挑战。为了应对这些挑战，下一代防火墙（Next Generation Firewall，NGFW）应运而生，它们集成了深度包检查、入侵防御系统以及能够理解应用程序层面流量的能力。NGFW 不仅能进行更细粒度的流量控制，还能提供更全面的网络威胁防护。

尽管防病毒技术和防火墙各有侧重，但它们在现代网络安全策略中是相辅相成的。防病毒技术深入文件和程序层面，保护系统免受恶意软件的直接损害；而防火墙则处于网络边界，控制数据的进出，阻挡潜在的网络攻击。在实际应用中，这两种技术的融合应用，加上严格的安全策略和持续的监控，构成了防御网络威胁的坚实基础。

随着网络攻击的不断进化，从企业到个人，从政府机构到教育机构，几乎每个依赖网络运作的组织都必须认识到，维护网络安全不再是可选的额外任务，而是保护其核心运营不受威胁的必要条件。在这种环境下，不断更新和优化防病毒技术和防火墙的应用显得尤为重要。有效整合和应用这些技术，可以为网络安全构建更坚固的防御壁垒。

一、防病毒软件的工作原理

防病毒软件是设计来检测、阻止和移除恶意软件的关键工具，其工作原理基于几个核心技术和策略。它能够有效地保护计算机系统不受病毒、蠕虫、特洛伊木马等恶意软件的侵害。防病毒软件依赖于恶意软件定义数据库，这个数据库包含了已知恶意软件的"签名"。签名是从恶意软件中提取的独特数据字符串，可以视为恶意软件的指纹。当你的计算机运行防病毒软件进行扫描时，防病毒软件会检查文件、程序和系统内存中的数据与这些签名是否匹配，以识别和隔离已知的恶意软件。

除了基于签名的检测，现代防病毒软件还采用了启发式分析和行为检测技术，这些技术使得防病毒软件能够识别未知的或变种的恶意软件。启发式分析通过分析程序的结构和行为模式来预测其潜在的恶意，而不仅仅是寻找已知的恶意签名。这意味着即使是全新的恶意软件也有可能被检测出来。行为监控则进一步扩展了这一功能，监控程序的实际运行行为，如修改关键系统文件、监视键盘输入或自我复制等，这些通常与恶意活动相关。如果程序表现出异常或与恶意软件典型行为相符的动作，防病毒软件会采取行动，警告用户并提供隔离或删除恶意软件的选项。

此外，防病毒软件还包含沙盒功能，允许可疑的程序在一个隔离的环境中运行，这样即使程序是恶意的，它也无法影响真实的系统环境。这为用户提供了一个安全的测试场所，以观察程序的行为而不必担心感染主系统。沙盒技术特别适合于那些行为可能存在疑问的程序，为防病毒决策提供了实验依据。

防病毒软件还经常与云技术结合，提供更快的恶意软件定义更新和更广泛的威胁监测。通过云连接，防病毒软件可以实时访问最新的威胁情报，这使得它的反应速度更快，保护范围更广。用户的防病毒软件可以从云中获得最新的签名和行为算法更新，确保即使是最新发布的恶意软件也能被有效识别。

防病毒软件是一个复杂而强大的工具，结合了签名匹配、启发式分析、行为监测和沙盒技术。它旨在提供全面的保护，防止恶意软件侵害用户的计算机和数据。随着网络威胁的不断演进，防病毒软件也在不断发展，它采用新技术以应对日益复杂的攻击场景，让用户在数字世界中保持安全。

二、防火墙的类型与配置

在网络安全的多层防御策略中，防火墙扮演着至关重要的角色。它不仅是抵御外部威胁的第一道防线，也是网络安全基础设施的核心组成部分。随着技术的发展和网络环境的日益复杂，防火墙已经从最初的包过滤系统演变为集成多种安全功能的复杂系统。现代防火墙包括包过滤防火墙、状态检查防火墙、应用层防火墙及下一代防火墙，每种类型都有其独特的功能和适用场景。

包过滤防火墙为最基本的形式，通过检查经过的数据包的头部信息，如源 IP 地址、目的 IP 地址、传输控制协议端口号等，来决定是否允许数据包通过。尽管这种类型的防火墙实现简单，效率较高，但它不关注数据包的内容，因此在抵御复杂威胁方面能力有限。

状态检查防火墙则在包过滤的基础上增加了连接跟踪的功能，能够根据数据流的连接状态来动态允许或拒绝数据包。这种类型的防火墙更加智能，可以防御一些简单的攻击策略，如 IP 欺骗和部分拒绝服务攻击（Denial of service，DoS）。

应用层防火墙，也称代理防火墙，能提供对应用数据的深度检查。它能够理解特定应用协议的操作，如 HTTP，FTP 和 DNS（Domain Name System，域名系统）等，可以进行更细致的内容审查，有效防止跨站脚本攻击、SQL 注入等应用层面的威胁。通过在传输数据之间设置代理，应用层防火墙在数据传递给最终用户前对其进行彻底检查和必要的处理。

下一代防火墙集合了上述所有类型的功能，并整合了入侵防护系统、防病毒等其他安全功能，提供了对加密流量的检查能力，并支持更细致的应用级控制，如识别和控制特定应用程序的使用。下一代防火墙的目标是提供全面的网络威胁防护，并简化管理任务，减少安全设备的堆叠。

配置防火墙是一项复杂且重要的任务，需要根据组织的网络架构和业务需求来精心设计。一般而言，防火墙配置的基本步骤包括定义明确的安全策略，设置恰当的入站和出站规则，并确保所有配置都符合安全合规性要求。除了基础配置，还应定期进行安全审计和性能评估，以确保防火墙能够适应不断变化的环境。

总的来说，随着网络攻击技术的不断进步，防火墙技术和配置也需要不断更新和优化，以保护网络资产免受日益复杂的威胁侵害。有效的防火墙管理不仅需要技术实施，还需结合综合的安全策略和持续的监控，确保网络环境的安全与稳定。

三、网络环境中的综合安全解决方案

在面对日益复杂的网络威胁时，单一的安全措施已经无法满足现代企业的安全需求。因此，综合安全解决方案成了必要的手段。它通过整合多种安全技术和策略，形成一个多层防御体系，来全面提升组织的安全防护能力。综合安全解决方案的核心在于其全方位的防护覆盖，从物理安全到网络安全，从终端保护到数据安全，再到用户行为和访问管理。这种全面的方法不仅针对外部威胁，也防御内部威胁，可确保从多个维度的安全防护。

网络安全是综合安全解决方案中的重要组成部分。这包括部署先进的防火墙、入侵检测系统、入侵防御系统和应用层防火墙。这些系统协同工作，不仅可以防止恶意软件入侵，还能检测并阻断复杂的网络攻击，如 DDoS 攻击和网络钓鱼。此外，网络安全还涉及数据包的深度检查和加密通信的安全，确保所有传输的数据都不会被截获或篡改。

在终端保护方面，综合安全解决方案包括防病毒软件、反恶意软件工具，以及对移动设备的安全管理。随着远程工作和 BYOD（Bring Your Own Device，自带设备）政策的普及，保护每一个终端设备的安全变得尤为重要。这不仅包括传统的桌面计算机或笔记本电脑，还包括智能手机和平板电脑等移动设备。

数据安全是综合安全解决方案中的一个关键领域。这涉及数据加密、访问控制和数据泄露防护等技术。有效的数据安全策略不仅要保护数据不被未授权访问，还要确保数据的完整性和可用性。此外，备份和灾难恢复计划也是数据安全的重要组成部分，它能确保在数据丢失或系统故障的情况下迅速恢复数据。

用户访问管理也是综合安全解决方案的重要方面。实施严格的身份验证和授权机制，可以确保只有授权的用户才能访问敏感资源。多因素认证技术在此发挥着重要作用，它通过要求用户提供两种或两种以上的认证因素来增加安全性。此外，对用户活动的监控和分析有助于及时发现异常行为，防止内部威胁。

综合安全解决方案还包括对安全策略的持续评估和更新。随着新的威胁不断出现，安全技术和策略也必须不断进化。这要求安全团队持续关注最新的安全趋势和技术，定期进行安全审计和风险评估，及时调整安全策略。

综合安全解决方案通过整合各种安全措施和技术，为组织提供全方位的保护。在这个以信息为中心的时代，采用综合性的安全策略不仅是保护组织资产的必要手段，也是确保业务连续性和遵守法规要求的关键。

四、云安全与端点防护

随着云计算的广泛应用和移动办公的普及，云安全和端点防护成为现代企业网络安全的两个关键组成部分。它们各自应对不同的安全挑战，但共同构成了全面网络安全策略的重要支柱。

云安全关注的是保护远程服务器上的数据和云基础设施的安全。随着企业越来越多地依赖云服务提供商来处理和存储关键数据，确保这些信息的安全成为优先考虑的事项。云安全的挑战主要包括数据泄露、账户劫持、不安全的接口、恶意内部人士问题及跨云服务的安全问题。为了应对这些挑战，必须采取多种安全措施。

数据加密是云安全中最基本的防护措施。所有敏感数据在传输到云服务器之前应进行加密，且在云中存储时要保持加密状态，防止数据在被非授权访问时泄露。此外，使用强大的访问控制和身份验证机制也至关重要，这包括多因素认证和细粒度的权限管理，确保只有授权用户才能访问敏感资源。同时，实现云服务的配置管理和持续监控也是保障云安全的关键。许多数据泄露事件是由于错误配置云服务造成的。自动化的配置审计工具和实时监控系统可以帮助企业及时发现和纠正潜在的安全问题。同时，透明度也极为重要，企业应选择能够提供详尽安全日志和报告的云服务提供商，以便对所有操作进行跟踪和审计。

与云安全同样重要的是端点防护，它关注的是保护企业网络中每一个终端设备，如计算机、智能手机和平板电脑等。随着远程工作模式的增加和自带设备政策的实施，端点设备成为网络安全的薄弱环节，容易成为攻击的突破口。端点防护的核心在于安装和维护强大的防病毒软件及其他防恶意软件工具，这些工具能够防止恶意软件感染和其他类型的安全威胁。确保所有端点设备都安装了最新的安全补丁是降低风险的有效方式。

此外，对于移动设备的特别管理和安全措施也不容忽视。这包括运用移动设备管理（Mobile Device Management，MDM）解决方案，对设备进行加密，以及控制设备的应用安装和数据访问权限。通过这些措施，即使设备丢失或被盗，数据也能得到一定的保护。

随着技术环境的日益复杂和业务需求的多样化，云安全和端点防护必须作为一个整体来考虑。通过实施综合的安全策略，采用先进的技术，并进行持续的风险评估和管理，企业可以有效地保护其信息资产免受现代网络威胁的侵害。这不仅需要技术上的努力，也需要组织内部持续的安全意识教育和文化建设。

第五章　身份认证与访问控制

第一节　身份认证技术与协议

在现代网络环境中，身份认证和访问控制是确保信息安全的基石。这些机制不仅能帮助确认和验证用户身份，还能决定用户可以访问哪些网络资源。随着网络攻击技术的演进和新的安全威胁的出现，身份认证技术和协议已经从简单的密码系统发展成包括多因素认证和基于票据的认证系统在内的多样化解决方案。

身份认证技术可以分为三类：知识因素（如密码）、拥有因素（如智能卡或手机应用生成的一次性代码）及生物因素（如指纹或面部识别）。每种类型的认证技术都有其特定的用途和安全性考量。知识因素是最常见的认证方法，但也是最容易受到攻击的，因为用户可能会选择易于猜测的密码，或者重复使用相同的密码。拥有因素增加了安全性，因为即使密码被泄露，没有物理设备也无法完成认证。生物认证则提供了更高级别的安全性，因为生物特征难以复制。

随着技术的发展，身份认证协议也在不断进化。传统的密码认证协议（Password Authentication Protocol，PAP）因其低安全性而逐渐被更安全的协议所替代。挑战握手认证协议（Challenge Handshake Authentication Protocol，CHAP）通过在会话期间定期认证身份来提高安全性，使用加密的挑战—响应机制来保护密码不被泄露。Kerberos 协议通过使用强加密和票据系统来提供更高级的网络认证机制，可有效防止密码的重复传输和未授权访问。

在更现代的认证协议中，OAuth（Open Authorization）和 OpenID Connect 提供了基于令牌的认证机制，使用户能够安全地将他们存储在一方服务上的信息授权给第三方服务，而不需要共享登录凭据。这种方法尤其适用于互联网服务和移动应用，可以使用户享受便捷的同时，保障其个人信息和登录数据的安全。

这些身份认证技术和协议的有效结合为现代网络安全提供了坚实的基础。随着云计算和物联网技术的广泛应用，身份认证的重要性日益增加，正确实施和管理这些认证机制至关重要。企业和组织需要不断评估和更新身份认证策略，以防止未授权访问和数据泄露，保护信息资产不受日益复杂的网络威胁的侵害。

最终，身份认证和访问控制的目标是创建一个既安全又便捷的用户环境，确保只有授权用户能够访问敏感的信息和资源。随着网络环境的不断变化和新技术的持续发展，这一领域需要不断地创新和适应，以满足日益严峻的安全需求。

一、密码学基础与认证

密码学是网络安全的核心组成部分，它通过使用加密技术保护信息的机密性、完整性和可用性。密码学能用于加密数据，确保数据在存储和传输过程中不被未授权访问者读取或篡改。密码学在用户认证和数字签名等多种安全机制中也扮演着关键角色。

加密技术可以分为两大类：对称加密和非对称加密。对称加密，也称私钥加密，它使用同一个密钥进行数据的加密和解密。这种方法的优点是加解密过程快速，适合于大量数据的处理。对称加密的主要问题在于密钥的管理和分发；密钥在传输过程中若被截获，加密的数据就会面临被破解的风险。

非对称加密解决了对称加密中的密钥分发问题，但其计算过程更复杂，速度也较慢，通常不适用于大量数据的直接加密。在实际应用中，非对称加密常用于加密对称加密中使用的密钥（即会话密钥）或用于数字签名。

数字签名是利用非对称加密技术来认证消息、文件或其他数据的完整性和来源的技术。发送者使用自己的私钥对数据的散列（或摘要）进行加密，生成数字签名并附加在消息上。接收者则可以使用发送者的公钥解密数字签名，提取散列值，并将其与自己接收到的消息计算出的散列值进行对比。如果两个散列值匹配，就可以确认消息未被篡改，且确实是来自指定发送者。

身份认证是密码学的一个重要应用领域。在多种认证机制中，密码学提供了一种方式，可以认证用户或系统的身份，确保交互的双方是合法的。这通常涉及挑战—响应机制，其中密码或其他认证因素（如数字证书）被用来响应一个认证请求。在这个过程中，加密技术确保认证数据在网络中传输过程的安全性，防止被截获或篡改。

为了加强安全性，现代认证系统经常采用多因素认证，即结合两种或两种以上不同类型的认证方法，如结合密码（知识因素）和手机上的一次性密码（拥有因素），或生物特征（生物因素）。这种方法可以显著提高安全级别，因为即便其中一个因素被破解，其他因素仍可防止未授权的访问。

密码学不仅是现代数字通信安全不可或缺的技术，它的原理和应用也构成了保护电子数据交换、确保网络交易安全及认证数字身份的基础。随着网络攻击手段的不断演化，密码学的方法和技术也在持续发展，以应对新的安全挑战。这要求从事网络安全工作的专业人员不断学习和更新相关知识，以保护关键的信息资产免受威胁。

二、生物识别技术

生物识别技术作为信息安全和个人认证的一种高效方法，在现代社会中的应用日益广泛。它利用个体的生理或行为特征进行身份认证，这些特征包括指纹、面部、虹膜、声音及步态等，均具有高度的唯一性和难以复制的特点。这使得生物识别技术在提供安全性的同时，也带来了使用上的便捷性。

在生理特征识别技术中，指纹识别是最常见的方法之一。其原理是分析个体指纹上的纹理、脊线和细节点。指纹识别设备通过光学或电容传感器捕捉指纹图像，然后将其转换为数字信号，并与数据库中预存的指纹数据进行匹配。这种技术因其相对低廉的成本和易于部署而广泛应用于各种场合，如手机解锁、门禁控制系统和身份认证过程。

面部识别技术通过分析个体面部的多个关键点，如眼睛、鼻子和嘴巴的位置关系来进行识别。随着计算机视觉和人工智能技术的进步，面部识别系统能够在各种光照条件下有效工作，并且能够应对面部表情变化和部分遮挡的挑战。面部识别的应用场景非常广泛，包括安全检查、公共安全监控及商业营销等领域。

虹膜识别则是基于眼睛虹膜的复杂图案进行个体识别的技术。虹膜具有极高的复杂性和唯一性，所以，虹膜识别在所有生物识别技术中具有非常高的安全等级。这种技术主要应用于需要高安全级别的场合，如边境控制、高安全政府机构和高价值交易的验证。

声音识别技术则通过分析个体的声音特征，如音调、音色和发音速度进行识别。虽然声音识别容易受到环境噪声的影响，但它可以远程使用，适用于电话银行和远程访问控制等场景。

行为生物识别是相对较新的研究领域，它侧重于分析个体的行为模式，如打字节奏、使用鼠标的方式和步态。这种技术的优势在于可以连续进行背景认证，即在用户与系统交互过程中不断认证用户的身份，从而提供更加动态和持续的安全保护。

总体而言，生物识别技术为身份认证提供了一种既安全又便捷的方法，但同时也引发了一些隐私和安全方面的担忧。例如，生物数据一旦被盗用或泄露，用户就无法像更换密码那样更换自己的生物特征。因此，随着这些技术的发展和普及，确保生物数据和用户隐私的安全也成了生物识别技术研究和应用中不可忽视的重要方面。

三、认证协议与标准

在数字化时代，认证协议与标准是确保网络安全的关键部分，它们涵盖了从简单的密码认证到复杂的多因素认证和公钥基础设施（Public Key Infrastructure，PKI）。正确的认证协议不仅可以防止未经授权的访问，还可以确保敏感信息的安全和完整。随着网络环境的发展和新安全威胁的出现，认证技术已经从基本的密码认证发展到了包括生物识别和基于票据的认证系统在内的多样化解决方案。

最基本的认证方法是密码认证，这涉及用户提供预先定义的密码来访问系统。尽管密码是认证的最常见形式，但其安全性通常取决于密码的复杂性和用户的使用习惯。为了加强密码认证的安全性，经常与其他认证因素结合使用，形成多因素认证系统，这样即使密码被破解，攻击者也无法单凭密码获得访问权限。

随着技术的进步，挑战—响应认证方法已成为常用的安全措施。在这种方法中，系统向用户提出一个挑战（如一个随机生成的数字序列），用户必须用正确的方法响应（如使用一个令牌生成的一次性密码）。这增加了额外的安全层次，因为即使攻击者截获了响应，没有挑战本身，这些信息也无法在其他情况下使用。

更高级的认证技术包括 PKI 和数字证书，它们是网络安全中用于加密和身份认证的基石。PKI 利用一对密钥——一个公开密钥和一个私人密钥，来加密和解密信息。数字证书，由可信任的第三方颁发，包含公钥和证书所有者的身份信息，可确保交换数据的双方的身份。

现代的认证协议如 OAuth 和 OpenID Connect 允许用户授权第三方应用访问他们存储在其他服务上的信息，而不需要向第三方暴露其登录凭据。这些协议提供了一个安全的授权机制，已成为社交登录和网络服务中的标准。

所有这些认证协议和标准的实施必须结合严格的安全策略和持续的监控，以适应不断变化的网络环境。随着技术的不断进步和网络攻击技术的不断演化，认证协议需要不断更新，以保护敏感数据免受未授权访问和防止身份被窃。认证协议的设计和选择必须考虑易用性、成本和实施的复杂性，以确保用户的接受度和操作的安全性。有效的认证系统不仅能够提高安全性，还能够通过提供便捷的用户体验来提升用户的满意度和信任度。随着数字化程度的加深，从个人到企业，从私营到政府部门，强大的认证系统已成为确保数字交互安全不可或缺的部分。

四、案例研究：多平台认证系统

在数字化日益加深的今天，多平台认证系统已成为保障网络安全的重要工具。这类系统可以跨多种设备和服务提供一致且安全的用户认证体验，对于支持远程工作环境、提高用户便利性和保障数据安全至关重要。下面通过一个案例，来探讨多平台认证系统的设计、实施和面临的挑战。

一家全球性金融服务公司，拥有遍布全球的分支机构，面临一个挑战，即需要一种能够安全、便捷地处理跨国员工和客户身份认证的系统。该公司的旧有认证系统基于传统的用户名和密码机制，难以应对日益增长的网络威胁，如钓鱼攻击和身份盗用等。此外，该系统无法提供无缝的跨设备体验，使用户在移动设备和桌面之间切换时面临诸多不便。

为了解决这些问题，公司决定启用一个基于多因素认证的多平台认证系统。该系统结合了密码（知识因素）、智能手机上的认证应用生成的一次性密码（拥有因素），以及生物识别技术如指纹或面部识别（生物因素），以增加认证的安全性和灵活性。系统的设计关键在于统一的身份认证框架：通过实施统一的认证协议和标准，如 SAML（Security Assertion Markup Language，安全断言标记语言）和 OAuth，来支持跨平台功能。这能确保无论用户在何种设备或网络服务上，都能通过相同的认证过程进行安全访问。

运用这一系统涉及广泛的技术整合和员工培训。首先，需要升级现有的 IT 基础设施，确保所有平台均能支持新的认证系统。其次，需要与设备供应商合作，确保所有员工的手机和计算机都安装有必要的认证软件和生物识别技术。最后，需要对全体员工进行多因素认证的使用培训，确保他们了解新系统的优势和操作方式。

运用多平台认证系统面临的主要挑战包括技术兼容性问题、用户接受度以及数据隐私和合规性问题。为了应对这些挑战，公司采取了技术测试、用户反馈循环和严格的隐私保护措施等策略。此外，公司还需要定期审查和更新安全政策，以应对不断变化的网络安全威胁和法规要求。

通过运用多平台多因素认证系统，该金融服务公司不仅显著提高了网络安全防护水平，也改善了用户体验，使员工和客户能够在各种设备上安全、便捷地访问服务。这种综合性的安全措施不仅提升了企业的整体安全架构，还增强了客户对企业数字服务的信任感。

第二节　访问控制策略与模型

访问控制策略和模型是网络安全和信息系统管理中的关键组成部分。它们定义了如何、何时及在何种条件下用户可以访问系统中的资源。这些策略和模型可确保敏感信息的安全，防止未授权访问，同时支持合法用户的访问需求。理解和实施有效的访问控制策略对于保护组织的数据资产至关重要。

在访问控制领域中，主要有几种模型被广泛应用，包括自主访问控制（Discretionary Access Control，DAC）、强制访问控制（Mandatory Access Control，MAC）和基于角色的访问控制。自主访问控制是一种较灵活的访问控制方式，允许用户（资源的所有者）自行决定谁可以访问自己的资源。在这种模型中，用户可以设置权限，授予或拒绝其他用户对文件、目录或其他数据的访问。自主访问控制的优点是用户控制权限高度个性化，但缺点也很明显，因为它可能会因用户的非专业性而造成权限设置不当，从而增加安全风险。

强制访问控制（MAC）是一种更严格的访问控制模型，通常用于需要高度安全保护的环境。在 MAC 模型中，访问决策由系统而非个别用户控制，系统根据预定义的安全策略，如分类和安全级别，来控制访问。这种模型的特点是可以有效地控制信息流，防止数据泄露。然而，MAC 系统的管理和配置较复杂，需要精确定义所有的访问规则和安全级别。

基于角色的访问控制（RBAC）模型通过将权限与角色关联而非个别用户，简化权限管理。在 RBAC 中，权限不是直接分配给单个用户，而是分配给角色，用户通过成为某个角色的成员来继承这些权限。这种方式能提高管理的效率和灵活性，特别是在用户经常变动的大型组织中。RBAC 还支持最小权限原则和职责分离，能增强安全性和合规性。

除了这些传统的模型，基于属性的访问控制（ABAC）和基于策略的访问控制（Policy-Based Access Control，PBAC）等现代访问控制模型也在某些复杂和动态的环境中得到应用。ABAC 允许基于广泛的属性（如用户属性、资源属性、环境条件等）定义访问规则，提供了极高的灵活性和精细的访问控制。PBAC 则侧重于使用高级策略来管理和自动化访问决策，这些策略可以根据当前的业务规则和安全需求进行动态调整。

在实施访问控制策略时，组织需要考虑多种因素，包括数据的敏感性、用户的需求和合规性要求。有效的访问控制不仅需要技术实现，还需要组织在政策、程序和用户培训方面的全面投入。只有这样，才能确保访问控制系统能够在不妨碍业务流程的同时，提供必要的安全保护。随着技术的发展和环境的变化，访问控制策略和模型也需要不断地更新和调整，以应对新的安全挑战。

一、访问控制列表

访问控制列表（Access Control List，ACL）是网络和系统安全中的关键工具，用于详细定义谁可以访问特定资源以及允许执行哪些操作。这种控制机制通过精确地指定访问权限，帮助组织保护敏感数据免受未经授权的访问。ACL 的核心由一系列规则组成，这些规则基于用户身份或用户组来授予或拒绝对文件、目录、网络端口等资源的访问权限。每条规则都详细指定了可以执行的操作，如读取、写入、执行和删除等。当系统收到访问请求时，它会检查与资源关联的 ACL，并根据规则允许或拒绝该请求。

在设计 ACL 时，系统管理员必须精确地识别哪些资源需要受到保护，以及哪些用户或用户组需要访问这些资源。这通常涉及对企业内部数据分类和用户职责的细致分析，以确保每个用户只获得其完成工作所必需的最小权限，符合最小权限原则。

实施 ACL 包括几个关键步骤：一是识别需要控制的资源，二是确定这些资源的访问者，三是定义具体的访问权限规则。除了设置权限，还需要配置监控和审计机制，以跟踪谁在何时尝试访问了受保护的资源，以及这些尝试是否成功。

ACL 的优势在于其能够提供非常具体和详细的访问控制，这在需要细粒度安全管理的环境中尤为重要。然而，随着规则的增多，管理 ACL 的复杂性也会显著增加。错误配置的 ACL 不仅可能会阻碍有效用户的正常工作，还可能会留下安全漏洞，使系统容易受到攻击。此外，ACL 管理需要持续地维护和更新，以应对组织内部的变化，如员工的变动、新系统的部署或旧系统的升级。这要求管理员不仅要具备深厚的技术知识，还需要对组织的业务流程有充分的了解。

尽管 ACL 提供了强大的功能，但它在某些系统中可能会对性能造成影响，尤其是当规则数量非常庞大时。因此，优化 ACL 的性能，确保它们既能提供必要的安全措施，又不会过度拖慢系统响应，是一项重要的工作。

访问控制列表是实现精确安全控制的有效工具，但它需要精心设计、严格管理和定期维护。通过结合技术手段和组织策略，ACL 可以帮助保护关键信息资产，确保只有授权用户能够访问敏感资源，从而维护整个组织的数据安全和完整。

二、基于角色的访问控制

基于角色的访问控制（RBAC）是一个强大的安全机制，被设计用来简化企业中资源访问的管理。通过将用户分组到不同的角色，并为每个角色定义一套访问权限，RBAC 使得权限管理更加集中和系统化，大大减轻了管理的复杂性并增强了系统的安全性。在 RBAC 模型中，角色定义了一系列的访问权限，这些权限指明了持有该角色的用户可以访问哪些资源以及他们可以执行哪些操作。用户通过被分配到一个或多个角色来继承这些权限，从而实现对资源的访问。这种模式是高效的，因为它允许管理员通过管理角色来间接管理个别用户的权限，而不是直接在每个用户上设置权限。

实施 RBAC 首先需要对企业的业务流程进行详细分析，以识别出不同的职责和必要的访问权限。例如，人力资源部门的员工可能需要访问员工记录和薪资信息，而财务部门的员工则需要访问账务记录和预算信息。每个部门或团队的常规操作和需求将指导角色和相应权限的创建。角色的精确定义是成功实施 RBAC 的关键。每个角色应当精确对应到特定的职责集合，且权限的设置应当遵循最小权限原则，即只授予完成任务所必需的权限，不多也不少。这样做不仅有助于保护敏感信息，减少内部威胁的可能性，也有助于满足合规要求，特别是在处理财务数据和个人隐私信息时。

随着企业的发展和变化，RBAC 系统也需要定期的评审和更新。随着员工的入职、离职或角色变动，相关的访问权限也需要进行相应调整。此外，随着新技术和新业务流程的引入，可能需要创建新的角色或调整现有角色的权限配置。RBAC 系统的维护包括定期审计和监控，确保所有用户的活动都符合其角色定义的权限。审计可以帮助发现错误配置的权限或潜在的滥用行为，从而及时调整策略以防止安全漏洞。

尽管 RBAC 在管理大规模用户权限方面具有显著优势，但其实施和维护需要系统地计划和细致地执行。正确实施 RBAC 可以极大地提升组织的安全性和效率，确保关键资源的安全和业务流程的顺畅运行。因此，RBAC 不仅是一个技术问题，更是一个涉及组织管理、政策制定和员工培训的综合性问题。

三、基于属性的访问控制

基于属性的访问控制（ABAC）是现代访问控制模型中一个非常灵活和强大的机制，它允许基于用户、资源和环境的属性来动态控制对系统资源的访问。这种方法提供了比传统的基于角色的访问控制（RBAC）细粒度更高和适应性更强的访问控制能力。ABAC 的核心思想是使用一组预定义的策略，这些策略根据与访问请求相关的属性来允许或拒绝访问。这些属性可以是用户的属性（如职务、部门、年龄）、资源的属性（如分类、所有者、敏感性）或环境的属性（如当前时间、地理位置、网络状态）。通过评估这些属性，ABAC 系统可以做出更加精细和动态的访问决策。例如，在一个使用 ABAC 的系统中，可以设定一个策略，该策略只允许来自特定 IP 地址段且在工作时间内的财务部门员工访问敏感财务报告。这种策略的实现依赖于对用户身份、时间、网络位置等多个属性的评估，以确保只有符合所有条件的请求才被授予访问权限。

ABAC 的一个主要优点是其有非常高的灵活性和适应性，它可以轻松处理复杂的业务规则并适应不断变化的业务需求。然而，这种高度的灵活性和动态性也会带来实施和管理上的挑战。设计和维护 ABAC 策略需要深入了解业务流程，而且策略本身可能非常复杂，需要精确定义每个属性和策略之间的关系。此外，实施 ABAC 可能会对系统性能造成影响，因为每次访问请求都需要评估多个属性和执行复杂的策略判断。因此，在设计 ABAC 系统时，必须考虑到性能优化，确保访问控制的过程不会对用户体验产生负面影响。

管理和维护 ABAC 系统也是一个重要考虑因素。随着企业环境的变化，相关的属性和策略需要不断更新和调整。这要求管理团队要对业务流程有深入的了解，以便能够及时调整访问控制策略以适应新的业务需求和安全挑战。

总体来说，ABAC 是一个非常有效的访问控制模型，尤其适合那些需要处理复杂访问控制需求和高度动态环境的组织。正确实施和维护 ABAC 可以极大地增强组织的安全性和操作灵活性，但这也需要较高的初始和持续投入来确保其正确配置和有效运行。

四、访问控制的未来发展

未来，访问控制将集中于如何更智能、更安全、更便捷地管理和控制对资源的访问。随着技术的不断进步和安全威胁的不断演变，访问控制系统必须不断应对新的挑战。未来的访问控制趋势可能会体现在几个关键领域。

第一，人工智能和机器学习将在访问控制中发挥更大的作用。这些技术可以帮助分析大量数据，以识别和预测异常行为和潜在的安全威胁。例如，通过分析用户的正常访问模式，人工智能可以帮助识别：当某个用户的行为偏离常态时，可能表明账户被盗或用户行为存在风险。系统可以根据这种分析自动调整访问权限或要求额外的身份认证步骤。

第二，无密码认证技术将逐渐成为主流。随着生物识别和硬件令牌等技术的普及，传统的基于密码的认证方法由于安全漏洞和用户操作不便正逐渐被视为不够安全或不够高效。未来的访问控制系统将更多地依赖生物特征，如指纹、面部识别或眼部扫描来进行用户认证，这些方法不仅安全性高，而且对用户而言更加方便。

第三，基于风险的动态访问控制将成为标准配置。这种方法根据实时分析的风险水平来动态调整访问权限。例如，如果某个用户的登录请求来自不寻常的地点或设备，系统可以要求进行多因素认证或限制访问某些敏感资源。这种灵活性使得访问控制既能保持高安全性，又不至于过分影响用户体验。

第四，区块链技术也可能在未来的访问控制系统中发挥重要作用。区块链提供的不可篡改的记录能力非常适合用来记录和管理访问日志，这不仅可以增强安全性，还可以提供可靠的审计追踪功能。这种技术特别适合需要高透明度和安全性的领域，如金融服务和医疗保健。

第五，随着企业环境变得越来越复杂，集成化的身份和访问管理（Identity and Access Management，IAM）解决方案将变得更重要。这些解决方案将提供一站式的服务，从身份认证到权限分配、策略执行和安全监控等都包含在内，帮助企业更有效地管理用户身份和访问权限，确保符合各种合规要求。

总的来说，未来访问控制将向整合先进技术、强化安全性能和优化用户体验等方面发展。随着企业对安全和效率要求的提升，访问控制系统的智能化和自动化程度将不断增强，以适应这些需求的变化。

第二节　双因素与多因素认证

在当前的网络环境中，单一的认证方法，如仅依赖密码，已被证实无法充分保护用户的账户和敏感数据免受未经授权的访问。随着网络攻击技术的日益复杂和精细，尤其是针对身份认证机制的攻击，传统的单因素认证系统面临严峻挑战。为了增强安全性，许多组织和服务已经转向采用双因素认证（Two-Factor Authentication，2FA）和多因素认证（MFA）策略。这些策略通过要求用户提供两个或多个认证因素来获得访问权限，大幅提升了安全防护层级。

双因素认证结合了两种不同类型的认证方法，通常是某样你知道的东西［如密码或 PIN（Personal Identification Number）码］和某样你拥有的东西（如手机应用生成的一次性代码或智能卡）。这种方法的核心优势在于，即使其中一个因素被破解，未经授权的用户也无法单凭一个因素访问系统。

多因素认证进一步扩展了这一概念，包括两个以上的认证因素。除了知识因素和拥有因素，MFA还可能包括生物因素，即某样你自身的特征，如指纹、面部识别或虹膜扫描。此外，随着技术的发展，新的认证因素如位置因素和行为因素也开始被集成到MFA系统中，这些因素可以分别基于用户的地理位置和行为模式（如键盘敲击节奏、鼠标移动特征等）进行身份认证。

实施多因素认证的好处显而易见。一方面，它能显著增强账户安全，即使黑客通过钓鱼攻击或其他手段获取了密码，他们仍然需要一个或多个其他因素才能实际访问账户。另一方面，MFA能提供一种灵活性强、适应性强的安全策略，可以根据不同的安全需求和场景配置不同的认证要求，如在访问高风险或敏感资源时增加额外的认证步骤。

然而，尽管MFA提供了较高的安全性，它也引入了额外的复杂性和潜在的用户不便。例如，如果用户的设备丢失或损坏，可能会丧失访问系统的能力，除非采取恰当的备份认证机制。因此，在设计和实施MFA系统时，需要在增强安全性和维持用户便利性之间找到合适的平衡。

随着数字化转型的加速和网络安全威胁的增加，双因素和多因素认证的重要性将继续上升。组织必须评估自身的安全需求，以实施适当的MFA策略，以确保其数据和系统免受日益复杂的网络攻击的侵害。同时，随着MFA技术的不断发展和创新，未来的认证机制将更加多样化和智能化，以适应不断变化的技术环境和用户需求。

一、双因素认证的实施与效益

在当今的数字化时代，数据泄露和网络攻击事件频发，传统的单一认证机制如密码已不足以保障账户和数据的安全。双因素认证因此成了一个重要的安全增强策略，它要求用户在登录过程中提供两种不同类型的身份认证因素。实施双因素认证不仅能够有效防止未授权访问，还能大幅度降低数据被盗用的风险。

双因素认证通常结合两种不同的认证元素：一种是用户知道的（如密码或PIN码），另一种是用户拥有的（如手机接收的一次性验证码、智能卡或是生物识别信息）。这种方法的核心优势在于，即使一个认证因素（如密码）被泄露，没有第二个因素，攻击者也无法获得账户的访问权限。

实施双因素认证首先需要选择合适的技术和方法。最常见的方法包括发送短信验证码到用户的手机、使用基于时间的一次性密码（Time-based One Time Password，TOTP）生成器（如 Google Authenticator 或 Authy），或使用物理令牌和生物识别技术。在选择合适的方法时，需要考虑用户的便利性、系统的安全需求及实施的成本。

在技术选择之后，需要在系统中集成这些认证方法，并修改现有的用户验证流程。这通常涉及软件开发和更新，以确保新的认证流程不仅安全，而且对用户友好。此外，组织需要对用户进行教育和培训，帮助他们理解双因素认证的重要性，以及如何正确地使用新的认证方法。

对于用户来说，虽然双因素认证在初期可能会带来一些不便，如额外的登录步骤或是设备的要求，但从长远来看，这种不便是值得的。它能极大地增加账户的安全性，减少因密码泄露等造成的账户被非法访问的风险。此外，实施双因素认证还有助于提升用户对平台的信任感。特别是对于那些处理敏感交易或数据的服务，用户更倾向于选择那些能提供额外安全保障的服务。这不仅可以提升用户的满意度，也可以作为一个市场优势，吸引对安全性有更高要求的客户。

从合规性的角度看，许多行业标准和法规已经开始要求必须实施双因素或多因素认证，尤其是在金融服务、医疗保健和政府部门。因此，及早采用双因素认证可以确保企业符合行业标准，避免安全漏洞导致的法律和财务风险。

最后，随着技术的发展和网络环境的变化，双因素认证系统本身也需要不断地更新和优化以对抗新的安全威胁。企业需要定期评估其认证系统的有效性，确保它能够抵御最新的攻击技术，同时也需要保证系统的用户友好性，以维持高水平的用户接受度和满意度。

二、多因素认证的技术与应用

在今天的数字化世界中，网络安全面临着前所未有的挑战，多因素认证（MFA）因此成了保障账户和数据安全的必要手段。MFA 通过要求用户在登录过程中提供多种类型的认证信息，显著提升了防护水平，有效降低了因单一认证方式被破解带来的安全风险。这些认证信息包括用户知道的密码或 PIN 码、用户拥有的如手机接收的一次性验证码或智能卡，以及用户的生物特征如指纹或面部识别等。实施 MFA 后，即使黑客获取了密码，也无法单独通过这一信息访问账户，因为他们还需要第二或更多的认证因素才能登录成功。

尽管 MFA 在提高安全性方面的效果显著，其实施过程也带来了一些挑战，主要是可能影响用户体验和增加系统的复杂性。用户可能会因为多个步骤而感到登录过程变得烦琐，尤其是在需要快速访问的情况下。此外，从技术维护角度看，MFA 系统需要更多的管理和支持，以确保所有的身份认证渠道均安全可靠。

为了减少这些不便，许多组织正在寻找方法来简化 MFA 过程，如利用生物识别技术提供快速而安全的验证方法，同时保持系统的高安全标准。未来，随着技术的不断发展，会有更多创新的 MFA 方法被开发出来，这些方法不仅能提供更高的安全性，也能改善用户体验。例如，智能手机和可穿戴设备的普及为开发新型的身份认证方法提供了平台，这些设备可以无缝地集成生物识别和地理位置信息，以创建更加动态和用户友好的认证体系。

此外，随着人工智能和机器学习技术的应用，未来的 MFA 系统可能能够实时分析用户行为，自动调整认证要求以适应不同的安全需求。总之，MFA 是现代网络安全架构中不可或缺的一部分，随着网络环境的不断演变，它将继续发挥关键作用，帮助个人和企业保护他们的数据不受侵害。通过不断改进和创新，MFA 能够提供坚实的防护，同时提升用户在日益数字化的生活中的安全感和便利性。

三、用户体验与安全平衡

在当今的数字化世界中，企业和服务提供商面临着在增强网络安全与保持良好用户体验之间找到平衡的挑战。随着网络威胁的日益复杂化，采用更严格的安全措施变得尤为重要。然而，这些措施，如 MFA 带来的额外验证步骤，往往会牺牲用户体验的便捷性和流畅性。找到两者之间的平衡点，是确保用户满意度和安全性都能得到保障的关键。

多因素认证虽然为账户安全提供了额外的保护层，但也引入了用户可能觉得烦琐的额外步骤，特别是在需要快速访问服务的情况下。例如，在紧急需要使用银行服务进行交易时，过多的安全验证步骤可能会增加用户的挫败感。因此，设计时必须考虑这些因素，以确保安全措施不会过度干扰用户的正常使用流程。

为了解决这个问题，可以采用几种策略来优化用户体验同时不牺牲安全性。首先，可以采用生物识别技术如指纹或面部识别的验证方式，大幅提升验证过程的速度和便捷性。这些技术允许快速识别用户身份，几乎不需要用户做出额外操作，能大大提高用户体验。其次，实施基于风险的认证系统可以根据用户的行为模式和访问环境动态调整安全需求。例如，如果用户从常用设备和地点访问，系统可以简化验证步骤；如果检测到异常行为或从不寻常地点的访问尝试，则增加额外的安全验证。这种动态调整不仅能提高安全性，也能优化大部分正常使用情况下的用户体验。

此外，透明的沟通也至关重要。通过向用户明确解释采取某些安全措施的原因，并指导他们快速有效地完成验证，可以帮助用户理解这些措施的必要性，从而减少他们的抵触情绪。良好的用户教育可以帮助用户正确看待额外的安全步骤，让用户把它看作保护个人信息安全的一种手段。

最后，提供个性化的安全选项也是一个不错的选择。允许用户根据自己的需求选择他们愿意接受的安全级别，可以让他们感觉到更多的控制权，同时也可以针对那些对安全性有更高要求的用户提供更加严格的选项。

确保网络安全和用户体验之间的平衡需要一种综合的策略，涵盖技术创新、用户参与和清晰的沟通。运用这种方式，可以构建一个既安全又用户友好的数字环境，确保用户在享受便捷的服务的同时，也能得到充分的保护。

四、实施多因素认证的挑战与解决策略

在当今的数字化世界中，实施多因素认证（MFA）已成为加强信息安全的重要手段。然而，MFA 的部署和管理面临着多种挑战，包括技术集成的复杂性、用户的接受度问题、成本考量及法规遵从等。为了克服这些挑战并成功实施 MFA，需要采取一系列综合策略。

技术集成是实施 MFA 时的主要挑战之一。选择一个与现有 IT 系统兼容的 MFA 解决方案至关重要。市场上有多种 MFA 产品，选择那些支持广泛集成并且提供强大技术支持的解决方案能够大大降低技术集成的难度。此外，可以与供应商进行紧密合作，确保他们能提供必要的支持和服务，这对于解决集成过程中可能出现的技术问题非常重要。

用户的接受度也是成功实施 MFA 的关键因素。MFA 引入的额外验证步骤可能会被视为对用户体验的干扰，特别是在需要快速访问服务的场合。为了提高用户的接受度，进行充分的用户教育和培训非常重要。解释 MFA 带来的安全好处，以及教会用户使用新系统，可以帮助用户理解这一变化的必要性。可以在实施前进行用户咨询，了解他们的担忧和需求，并在培训中加以解决，这有助于减少用户的抵触情绪。

成本是一个需要考虑的因素。实施 MFA 需要前期的资金投入和持续的运营支出。对于预算有限的组织，寻找性价比高的 MFA 方案尤为关键。云基础的 MFA 服务可提供一种成本效益高的解决方案，因为它们通常不需要大量的初始投资，且能够提供按需扩展的灵活性。

此外，遵守相关的法规和标准是实施 MFA 过程中必须考虑的。与法律顾问合作，确保所有的 MFA 实施策略都符合行业法规和《中华人民共和国数据安全法》的要求，这不仅可以避免潜在的法律风险，也有助于构建用户与合作伙伴的信任。

通过这些策略，组织可以有效地解决实施 MFA 过程中遇到的挑战，确保安全措施既能满足安全性的需求，也不会过度影响用户体验。成功实施 MFA 将大大增强组织的整体安全防护能力，保护敏感数据免受越来越复杂的网络威胁的侵害。

第四节　新兴的身份认证技术

一、行为生物特征认证技术

在身份认证领域，传统的静态认证方法（如密码和 PIN 码）逐渐被视为不足以应对当前复杂的安全威胁。新兴的身份认证技术，特别是行为生物特征认证技术，因其独特性和难以复制的特点，正日益受到重视。行为生物特征认证技术利用个人在设备上的行为模式进行身份认证，这些模式包括键盘敲击动态、鼠标使用习惯、行走方式甚至用户与设备交互的方式等。

行为生物特征认证技术的核心优势在于其有动态性和持续性。与传统的生物特征技术（如指纹或虹膜扫描）相比，行为生物特征更难以被盗用或复制，因为它们基于用户行为的微妙差异和习惯，这些习惯是在长时间内形成的，且每次行为都可能略有不同。此外，这种技术的用户体验通常更自然且无侵入性，因为用户不需要进行特别的操作，系统会在后台自动进行分析和认证。

行为生物特征的应用范围广泛，可以用于多种场景：

1. 键盘敲击动态：通过分析用户敲击键盘时按键间的时间间隔和压力大小，系统可以创建一个用户独特的行为模式。这种方法可以在不需要额外硬件的情况下，通过已有的键盘设备进行身份认证。

2. 鼠标动作分析：通过追踪鼠标的移动速度、移动轨迹及点击习惯等，系统可以识别并认证用户的身份。这种方法适用于需要连续认证用户身份的在线服务平台。

3. 行走识别：这种方式是通过分析用户行走时的步态，包括步长、速度和节奏等，进行身份认证。这种认证方式可以在需要物理安全的环境中应用，如企业或学校的安全入口。

行为生物特征认证技术的实施需要考虑准确性和隐私保护。虽然这种技术具有高度的安全性，但其准确性受到多种因素的影响，如设备性能、环境变化及用户行为的自然变异等。因此，在开发和调整行为生物特征算法时，需要精确地处理和分析大量数据，以确保认证过程既精准又高效。

此外，隐私保护是部署行为生物特征认证技术时必须严格考虑的问题。用户的行为数据可能包含大量个人信息，因此必须确保这些数据的安全存储、处理和传输。合规性也是需要考虑的因素，特别是在涉及敏感数据时，需要符合当地的法律法规。

行为生物特征认证技术为现代身份认证提供了一个高度安全且用户友好的解决方案。随着技术的进步和应用的深入，这种认证方式将在未来的网络安全领域扮演越来越重要的角色。

二、区块链技术在认证中的应用

区块链技术因其独特的去中心化特性和对数据不可篡改的保障而广受关注。在身份认证领域，区块链技术的应用提供了新的可能性，它可以通过创造一个更加安全、透明的认证环境，增强用户的隐私保护和系统的安全性。

区块链技术在认证中的应用主要利用了其分布式账本的特性，这意味着存储在区块链上的任何数据都由网络中的多个节点共同维护，而不是由单一的中央权威机构控制。这种结构减少了中心化数据存储的风险，如数据泄露或被篡改，因为修改区块链中的信息需要获得网络大多数节点的共识。

在身份认证方面，区块链技术可以用来创建一个安全的数字身份。每个用户的身份信息可以作为一个独立的区块加到链上，并通过强大的加密技术确保其安全性。用户的身份信息在区块链上得到认证后，可以被用于多种场景，如在线交易、电子政务服务、健康信息管理等，而无须每次都重新认证身份。

区块链技术在认证中有以下几个关键应用：

1. 去中心化身份（Decentralized IDentity, DID）认证：去中心化身份是区块链技术在身份认证领域的一个重要应用。用户可以控制自己的身份信息，不需要依赖任何中心化的服务提供者。这种方式能提高用户对自己身份信息的控制权，并且因为数据是加密和分散存储的，安全性也可以大大提高。

2. 跨域认证：区块链技术可以使不同机构之间的身份认证变得更加简单和安全。例如，一个用户的银行身份可以被用于认证其在其他服务上的注册，不需要重复提供和认证身份信息。这不仅能减轻用户的负担，也能降低信息泄露的风险。

3. 智能合约在认证中的应用：智能合约是区块链技术的一个核心概念，它允许在满足特定条件时自动执行合约条款。在身份认证中，智能合约可以用来自动处理访问控制和权限分配，确保只有在满足预定条件下，用户才能访问特定的资源或服务。

尽管区块链在身份认证中有许多优势，但也面临一些挑战和限制，包括技术复杂性、可扩展性问题及用户的接受度等。此外，随着应用的增加，如何确保区块链平台本身的安全性也是一个需要关注的问题。随着技术的成熟和相关法规的完善，区块链将在身份认证领域扮演越来越重要的角色，为用户提供一个更加安全和便捷的网络环境。

三、多模态认证系统

多模态认证系统是指利用两种或两种以上的生物识别技术来认证用户身份的系统。这种系统的核心优势在于其能提供比单一认证方法更高的安全性和精确性，因为攻击者需要同时破解多个生物识别技术才能进行身份冒充，这会极大地增加欺诈行为的难度。多模态认证系统在银行、机场安全、政府服务等领域得到了广泛应用，是当前和未来身份认证技术的重要发展方向。

多模态认证系统的常见组合包括指纹+虹膜扫描、面部识别+指纹、声音+面部识别等。这种组合方法不仅能增强系统的安全性，还能改善用户体验，尤其是在某一种生物特征难以准确识别时，其他特征可以作为补充，确保系统的稳定性和可靠性。例如，在手指湿润或受伤导致指纹识别困难时，面部识别或虹膜扫描可以继续提供有效的身份认证。

实施多模态认证系统时，系统设计者需要考虑几个关键因素：一是生物识别技术的选择，需要考虑各种生物特征的可用性、成本、识别精度和用户接受度；二是系统的集成与兼容性，多模态系统需整合多种生物识别技术，这对硬件和软件提出了更高的要求；三是数据处理和存储，多模态认证系统产生的数据量大，对数据加密和保护的需求更高，能防止数据在传输或存储过程中被窃取或篡改。

此外，多模态认证系统也面临着一些挑战，如成本问题和隐私保护。高级的生物识别技术往往需要昂贵的设备和复杂的维护，这可能会限制其在一些成本敏感的应用场景中的普及。隐私保护则是另一个需要重点考虑的问题，因为系统涉及多种敏感的个人生物信息，如何确保这些信息的安全，避免未经授权的访问和使用，是设计和实施多模态认证系统时必须严格考虑的问题。

多模态认证系统通过结合多种生物识别技术，提供了一种有较高安全性的认证解决方案。随着技术的进步和成本的降低，未来这种认证系统将在更多领域得到应用，为用户身份安全提供更强有力的保障。同时，随着应用的深入，如何平衡成本、用户体验和隐私保护，将是多模态认证技术发展的重要议题。

第六章　网络监控与威胁管理

第一节　网络监控技术与工具

在现代企业环境中，网络安全已成为维护正常业务运行的关键组成部分。随着网络技术的快速发展和网络威胁的日益复杂化，传统的安全防护措施已不足以全面应对新的安全挑战。网络监控技术与工具在这个背景下显得尤为重要，它们不仅可以提供全面的网络可见性，还能有效识别、分析和应对潜在的安全威胁。通过实时监控网络活动，企业可以快速发现异常行为，防止安全漏洞被利用，从而大大降低因网络安全事件造成的损失。

网络监控技术的核心在于实时收集网络中的数据流，并对这些数据进行深入的分析和处理。这包括但不限于流量捕获、日志管理、事件响应及行为分析等方面。通过这些技术，网络管理员可以获得网络状态的全面视图，包括哪些设备正在通信、数据传输的内容及传输数据的安全性等。

使用高级的网络监控工具，如入侵检测系统（IDS）、入侵防御系统（IPS）和安全信息与事件管理（SIEM）系统，可以显著增强网络监控的效能。这些工具利用复杂的算法来分析网络流量，识别出可能的恶意活动，并自动触发警报或采取行动以阻止攻击的发生。例如，IDS能够监测到疑似攻击的签名模式，而IPS能在攻击发生之前拦截并阻断攻击行为，SIEM系统则能够聚合来自多个源的安全数据，提供用于进一步分析和报告的综合视图。

此外，网络监控技术也涵盖了对网络性能的监控，这对于确保网络稳定运行和及时发现性能瓶颈至关重要。网络性能监控工具可以跟踪网络延迟、带宽使用情况、数据包丢失率等，帮助网络管理员优化网络配置和提升网络服务质量。

然而，尽管网络监控技术有诸多优势，其实施过程也伴随着不少挑战。这包括如何有效处理和存储庞大的监控数据、如何保护监控过程中收集的数据不被滥用，以及如何确保监控活动本身不会侵犯用户的隐私权。针对这些问题，企业需要制定严格的政策和程序，以确保网络监控活动既能有效提升网络安全，又不会逾越法律和道德的界限。

网络监控技术与工具是现代网络安全体系中不可或缺的一部分。它们不仅能帮助企业应对日益复杂的网络威胁，还能优化网络性能，提升整体业务效率。随着网络环境的不断演进和新技术的不断涌现，网络监控领域将获得快速发展，带来更多创新的解决方案，以应对未来的安全挑战。

一、网络监控工具的分类与功能

在现代企业环境中，网络监控和威胁管理工具是维护网络安全和确保业务连续性的关键。随着网络攻击的日益频繁和复杂，这些工具不仅能帮助组织监控和分析网络流量，还能及时发现和响应潜在的安全威胁。网络监控工具的种类多样，每种工具都针对特定的安全需求和场景设计，从基本的流量监控到高级的入侵预防系统，它们共同构成了企业网络防护的多层次防线。

流量分析工具是网络监控的基础，它们能够捕获并分析经过网络的所有数据，帮助管理员识别出可能的异常或恶意活动。这些工具通常具备深度包检测（Deep Packet Inspection，DPI）功能，可以详细检查数据包的内容，确保敏感信息的传输安全并遵守数据保护法规。

网络性能监控工具则关注于评估和优化网络的操作效率。它们监控网络的各种性能指标，如带宽使用率和数据包丢失率等，确保网络运行的高效和稳定。这类工具对于预防网络故障、规划网络扩展及提升用户体验至关重要。

入侵检测系统和入侵防御系统则更加专注于安全防御。入侵检测系统负责监测网络中的异常行为并生成警报，入侵防御系统则进一步采取措施，自动阻断恶意的流量。这两种系统通常基于已知的攻击签名和行为模式分析，提供实时的安全防护。

安全信息与事件管理（SIEM）系统则是更为综合的解决方案，它集合了日志管理、事件监控、实时分析和报告等功能。SIEM 系统能够聚合网络各个部分的数据，用全局的视角来分析和响应安全事件。通过高级的数据关联和分析技术，SIEM 可以帮助企业在复杂的数据流中识别出潜在的安全威胁。

配置管理工具可以帮助网络管理员控制和审核网络设备的配置变更。任何未经授权的更改都可能引入安全漏洞，因此这类工具会通过跟踪历史配置和实时变更，确保网络配置的一致性和安全性。

虽然这些工具各自具有独特的功能和优势，但在实际应用中，通常需要综合使用，以形成全面的网络安全防御策略。选择合适的监控工具组合，能够帮助组织更有效地防御外部威胁，同时优化网络性能和提升用户体验。随着技术的进步和网络环境的变化，网络监控技术也在不断发展，新的工具和功能持续被开发出来，以应对日益严峻的网络安全挑战。这要求网络管理员不仅要精通现有的监控工具，还需不断学习和适应新的技术和趋势，以保护企业网络免受安全威胁。

二、实时监控与日志分析

在当今的数字化环境中，实时监控和日志分析是网络安全策略的核心组成部分，两者会帮助组织有效识别、应对并预防潜在的安全威胁。随着网络攻击频率的增加，依靠这些工具提供的洞察力和数据对于维护网络安全变得至关重要。

实时监控允许组织持续监视其网络环境，以便即时发现和响应异常事件。这种监控涵盖对网络流量的分析、系统性能的跟踪和安全威胁的检测，能够使安全团队迅速识别并处理未授权访问、恶意软件传播及其他可疑活动。通过实时监控，企业可以防止问题扩大，限制攻击者造成的损害，并确保业务的连续性。

与实时监控相辅相成的是日志分析，它通过收集和分析网络设备、操作系统和应用程序的日志数据，提供对网络事件的深入洞察。日志记录的关键的系统事件和用户活动，是网络诊断和事后审计的重要工具。通过分析这些日志，组织不仅可以理解安全事件的原因和影响，还可以揭示潜在的安全弱点，从而改善未来的防御措施。

实现有效的实时监控和日志分析需要先进的技术解决方案和明智的策略。安全信息与事件管理（SIEM）系统集成了监控和日志管理功能，提供了从事件检测到响应的端到端解决方案。SIEM系统能够自动化地收集、整理和分析整个企业的数据，生成实时警报并协助安全分析师快速做出决策。这种系统的应用能极大地提高安全操作的效率和增强实时监控的效果。

然而，随着企业网络环境的不断扩展和变化，维护有效的监控系统会面临诸多挑战。例如，确保日志数据的完整性和安全是一大挑战，需要采取适当的安全措施，如数据加密和严格的访问控制，以防止数据在存储或传输过程中被篡改或泄露。此外，随着数据量的急剧增加，如何有效管理和分析这些数据也成了一个重要问题。这需要不断优化数据存储和分析技术，确保可以从庞大的数据中迅速提取有价值的信息。

为了应对这些挑战，组织需要不断评估和更新其监控和分析工具，以适应新的技术环境。这可能包括采用基于云的安全解决方案以提高灵活性和可扩展性，或者引入人工智能和机器学习技术来提高威胁检测和响应的智能化水平。

实时监控与日志分析是保护现代企业不可或缺的网络安全措施。通过这些工具，组织不仅能够有效地监控和保护其网络环境，还能在日益复杂的安全威胁面前保持警觉和应对能力。这是一个持续的过程，需要通过技术创新和策略调整，不断提升网络安全管理的效率和效果。

三、人工智能与自动化在监控中的应用

在当今的网络安全领域，人工智能（AI）和自动化技术已成为提升监控效能和应对快速演变的网络威胁的关键工具。引入这些技术可以大大增强网络监控系统的能力，使其能够实时处理大量数据、识别复杂的威胁模式，并迅速响应安全事件。

人工智能技术，特别是机器学习算法，在网络监控中的作用主要体现在其能够自动学习和识别正常及异常的网络行为。这使得 AI 不仅能检测到标准的安全威胁，还能识别出微妙的异常行为，这些可能是更复杂的攻击策略。例如，通过分析历史数据，AI 可以识别出网络流量中的异常波动或不寻常的访问模式，而这些行为在传统的监控系统中可能被忽视。

同时，AI 在处理和分析大规模数据方面的能力对于现代企业尤为重要。随着网络环境的日益复杂，传统的监控工具难以有效管理和分析海量生成的数据。AI 可以通过算法有效地分析这些数据，快速从中识别出潜在的威胁信息，能极大地提高安全运营的效率。

自动化技术则在网络监控中发挥着重要的作用，尤其是在事件响应方面。通过预设的规则和策略，自动化工具可以在检测到潜在威胁时立即采取行动，如自动隔离受感染的系统、封锁可疑的 IP 地址或自动应用安全补丁。这种快速响应可以显著降低人为干预的延迟，减少由此造成的损害。除了提高响应速度，自动化还有助于让处理流程标准化，确保每一次的响应都符合既定的安全策略。这种一致性对于维护整个组织的安全防线至关重要，有助于避免在面对复杂威胁时出现操作上的疏漏。

结合 AI 和自动化，网络监控系统不仅能够提供更精准和更深入的安全分析，还能实现高效和及时的威胁响应。这种融合使安全团队能够更好地利用资源，专注于策略制定和高级安全问题的解决，而将常规的监控和响应任务交给系统自动处理。

综合来看，AI 和自动化的应用能极大地推动网络监控技术的发展，为企业提供更强大、更智能的网络安全解决方案。随着这些技术的不断进步和优化，未

来的网络安全监控将更加依赖于这些智能工具，来应对不断变化的安全威胁，保护企业免受损失。这不仅是技术的进步，也是网络安全策略应对现代挑战的必然趋势。

四、隐私权与监控的伦理考虑

在实施网络监控和管理系统时，尊重和保护隐私权是一个重要的考量。随着技术的进步，企业能够通过各种监控工具收集和分析大量数据，这不仅能增强网络安全，也会带来处理个人数据时可能侵犯隐私的风险。因此，确保网络监控活动的合法性、伦理性和透明性是维护用户信任和遵守法规的关键。

对于任何网络监控活动，都必须建立在合法的基础上，确保所有监控措施都是出于保护网络免受攻击、防止数据泄露或其他合理的商业目的。监控活动绝不能用于不正当的目的，如非法监视或收集与业务无关的个人信息。企业应制定明确的监控政策，明确哪些数据可以被收集、收集的目的、谁可以访问这些数据，以及数据将如何被处理和存储。

保持监控活动的透明度对于尊重用户隐私至关重要。这意味着企业应向被监控的个体通报监控的存在、目的和范围。例如，如果员工的网络活动被监控，企业应在员工入职时明确告知，并解释这种监控如何帮助保护企业和个人的安全。这种透明度不仅符合许多国家数据保护方面的法律要求，也有助于建立企业与员工或客户之间的信任。

实施网络监控时应遵循数据最小化原则，只收集实现特定安全目标所必需的数据量。这有助于减小数据泄露的潜在风险，并保护个人隐私。同时，需确保所有收集的数据都通过强加密方法进行保护，严格控制数据访问权限，只允许授权的安全人员在必要时访问相关数据。

监控所收集的数据应当被视为一种重要的责任。企业需要定期审查其数据保留政策，确保不会无限期地存储无关紧要的个人数据。此外，对于所有监控和数据处理活动，都应有严格的审核和问责机制，以防止数据滥用和保证监控活动的合理性和正当性。

随着全球数据保护法规的日益严格，企业在实施网络监控时必须确保其政策和操作符合这些法律法规的要求。这可能需要与数据保护专家合作，确保所有监控活动不仅符合技术标准，还符合法律和道德标准。通过这些措施，企业可以在强化网络安全的同时，确保尊重和保护个人隐私，维护良好的企业形象和客户关系，这在当今数字化、网络化的商业环境中尤为重要。

第二节　威胁智能与响应策略

在当今的网络安全领域中，威胁智能（Threat Intelligence）和响应策略的重要性日益增长。这是因为随着网络环境的不断演变和技术的日新月异，网络威胁也变得更加复杂和难以预测。面对这种状况，仅仅依靠传统的防御措施已经不足以应对潜在的安全威胁。威胁智能的应用能够帮助组织更好地理解、预测和对抗这些威胁，而有效的响应策略能够确保组织迅速有效地应对安全事件，减少潜在的损害。

威胁智能是指使用先进的分析工具和方法，从各种数据源收集、分析和整合关于现有和潜在安全威胁的信息。这些数据源可能包括公开的安全研究、私有的威胁数据，以及从实际的网络交互中捕获的情报。通过分析这些信息，威胁智能不仅能帮助安全团队识别当前正在面对的威胁，还可以预测未来可能出现的安全风险。例如，通过研究特定的恶意软件活动和攻击方法，安全专家可以开发更有效的防御措施来防止类似攻击的发生。

有效的响应策略是威胁智能的重要补充。一旦威胁被识别，组织必须迅速响应，以减轻或消除威胁造成的影响。响应策略包括立即的事故处理程序和长期的修复措施，涵盖从初始的警报到事件调查、从事故清理到恢复正常运作的全过程。这要求组织不仅要有一支训练有素的安全团队，还要有有效的技术工具和流程，以确保能够迅速且有效地处理安全事件。

此外，响应策略的一个关键方面是对事件的记录和分析，这不仅有助于解决即时的安全问题，还能提高未来防御事件的能力。通过彻底分析安全事件的原因和结果，组织可以发现安全策略的潜在弱点，从而不断优化其安全措施和响应流程。

威胁智能和响应策略是网络安全管理中不可或缺的部分，它们共同构成了一个动态的安全防御系统。随着技术的不断进步和网络威胁的不断演变，这一系统需要持续地更新和调整，以应对日益复杂的安全挑战。通过投资于威胁智能和发展高效的响应策略，组织不仅能保护自己免受当前的威胁，还能为未来可能的安全挑战做好准备。

一、威胁情报的收集与分析

在网络安全的广阔领域中，威胁情报的收集与分析是保护信息资产不受威胁的基石。随着网络攻击的日趋复杂和智能化，传统的防御措施已不足以应对所有潜在的安全风险。因此，企业和组织越来越依赖于威胁情报，以便更有效地预测、识别和响应安全威胁。

威胁情报的收集是一个涵盖广泛数据源的过程，包括开源情报（Open Source Intelligence，OSINT）、社交媒体、专有源情报、技术数据交换及人工情报等。这些信息来自多个渠道，如安全社区共享的数据、商业情报服务、政府或行业报告、实时网络流量分析，以及先进的入侵检测系统的反馈。有效的情报收集需要系统地整合这些渠道的数据，筛选和验证信息的准确性和相关性。

情报的分析则是对收集到的数据进行深入分析，以识别潜在的威胁和脆弱性。这一过程通常涉及对数据的分类、关联和评估。分析师需要评估信息背后的上下文，确定其对当前安全态势的影响，并预测潜在攻击者的意图和行动路线。这不仅需要精湛的技能，还需要对网络安全环境的深入理解。

分析过程中的一个关键步骤是威胁建模。通过建立威胁模型，安全团队可以更好地理解和描述安全威胁的行为方式，这有助于识别防御措施中的盲点和弱点。威胁建模可以帮助组织预测攻击者可能利用的具体技术和策略，从而提前制定防御措施。

威胁情报的最终目标是提供可操作的情报，这意味着需要情报是具体、及时且相关的，能够直接支持防御措施的调整和决策制定。可操作的威胁情报不仅应包括对已知恶意活动的描述，还应包括对潜在攻击行为的预警，以及对如何防御这些攻击的具体建议。

此外，随着威胁情报领域的发展，自动化工具和人工智能技术在情报收集和分析中的应用日益增多。这些技术可以处理大规模数据集，快速识别模式和异常，减轻人为的分析负担。自动化工具可以提高处理速度和准确性，帮助安全团队及时响应日益复杂的安全挑战。

威胁情报的收集与分析是一个复杂且至关重要的过程，它要求安全团队不断地适应新的技术和威胁环境。通过有效的情报收集和分析，组织不仅可以增强其防御能力，还可以更加主动地对抗网络威胁，保护自身免受损害。

二、应急响应与事件处理

在网络安全领域，应急响应与事件处理是确保信息安全和企业持续运营的关键环节。随着网络攻击日益复杂化，及时有效的应急响应不仅能够帮助企业减轻被攻击的直接损害，还可以防止潜在的长期影响。

应急响应计划的制订和执行是一个全面的过程，涉及从事前准备到事后复原的各个方面。应急响应过程通常在网络监控系统首次检测到潜在威胁时启动。这种监控可以通过自动化的安全系统来实现，这些系统能够实时分析网络流量并警告异常活动。一旦检测到可能的安全事件，安全团队需要迅速对警报进行评估，确认事件的性质和严重程度，并确定是否需要启动正式的响应程序。

在确认事件后，应急响应团队可以按照响应计划进行操作，这可能包括隔离受影响的系统，切断恶意流量，甚至与执法机构合作应对。采取这些措施的目的是尽快控制情况，防止进一步的损害，并开始收集相关的证据和数据进行分析。

事件的深入调查是响应过程中的关键部分。通过对攻击矢量、利用的漏洞及攻击者的可能动机和方法的分析，安全团队可以更好地理解攻击的背景和复杂性。这一过程通常涉及对日志文件、网络流量和受影响系统的详细审查。此外，这也是调整和优化未来安全策略的重要环节，通过这一过程，企业可以强化其网络防御，提高对相似攻击的抵抗力。

应急响应的另一个重要方面是与利益相关者的沟通。这包括内部沟通——确保所有相关部门和高层管理人员了解事件的影响和应对措施，以及外部沟通——在必要时向客户、合作伙伴、监管机构和公众报告事件情况。良好的沟通策略可以帮助企业维护公众形象，管理客户和市场的期望，并满足法律和监管的要求。

完成响应后，企业应进行彻底的复查和后续分析，评估响应措施的效果，识别在事件处理过程中的不足，并根据这些经验教训更新应急响应计划。此外，实施必要的改进措施，如加强安全基础设施建设，更新防御策略，或加强员工的安全意识培训，都是确保长期安全的重要步骤。

应急响应与事件处理是网络安全管理中的关键部分，它要求组织不仅要有充分的技术准备，还要有详尽的计划、有效的沟通和持续的改进机制。通过这些措施，企业可以更好地应对网络安全事件，保护自身免受严重损失，同时确保业务的连续性和稳定性。

三、持续的安全态势感知

在现代企业中，持续的安全态势感知是维护网络安全的核心策略。这一策略不仅涉及持续监控网络活动，也包括对潜在威胁的预测、安全系统的实时调整及对安全事件的迅速响应。在日益复杂的网络环境中，构建一个动态且高效的安全态势感知系统对于防御和抵抗网络攻击至关重要。

持续的安全监控是安全态势感知的基石。这包括对网络流量、用户行为、系统日志和其他关键指标的实时监控。通过使用先进的监控工具，如入侵检测系统、安全信息与事件管理系统及行为分析工具，安全团队可以持续追踪网络中的异常活动，及时发现安全威胁的迹象。

整合和分析外部威胁情报是提升安全态势感知的一个关键环节。外部威胁情报可能来自公共安全数据库、商业情报提供商或行业合作组织。这些情报包含新出现的恶意软件、攻击手法、系统漏洞等信息。通过将这些外部情报与内部监控数据进行结合，组织可以获得更全面的安全视角，更好地预测和防御潜在的攻击。

除了监控和情报分析，有效的预测和响应机制也是持续安全态势感知的核心组成部分。这需要安全系统不仅要检测到威胁，而且要基于历史数据和当前事件自动调整防护措施。利用机器学习等先进技术，安全系统可以从过去的攻击中学习，预测可能的攻击趋势，并自动强化防御措施。

此外，持续的安全态势感知还要求企业建立一种安全文化，使所有员工都意识到网络安全的重要性，并能参与到日常的安全防护中。这包括定期的安全培训、安全意识教育及创建鼓励员工报告潜在问题的环境。员工的安全意识和行为往往是防御网络攻击的第一道防线。

总结来说，持续的安全态势感知是一项复杂的任务，它涉及技术、人员和流程的多方面合作。通过实时监控、深入分析、智能预测和有效响应，以及强化企业的安全文化，组织可以更好地防范和应对网络安全威胁，确保数据安全。这不仅是技术的挑战，也是管理和文化的挑战，需要每个组织成员的努力和持续关注。

四、威胁响应的国际合作

在当今全球化的背景下，网络安全面临的挑战已远远超越国界。网络攻击者经常利用国际法律和政策差异进行操作，这使得单一国家很难独立应对复杂的跨国网络威胁。因此，国际合作在构建全球网络安全防御中扮演着重要的角色，它可以通过跨境合作与资源共享，增强各国对抗网络犯罪的能力。

国际合作可以在多个层面上进行。首先是情报共享，这是国际网络安全合作的基础。各国安全机构和组织可以通过共享新发现的漏洞、攻击技术和恶意行为者的信息，来提前预防并应对潜在的网络攻击。例如，通过建立全球反网络犯罪中心等平台，国家之间可以交换关键的安全情报，提升全球对网络犯罪的响应速度和效率。

此外，技术合作也是国际合作的重要组成部分。各国可以共同开发新的网络防御技术和工具，分享最佳实践和防御策略。这种合作不仅可以促进技术进步，也可以帮助技术较弱的国家提升其网络防御能力。例如，跨国的研究团队可以共同研发更有效的恶意软件检测和防御系统，或者共同开展针对特定网络威胁的研究项目。

国际合作还需要解决法律和政策的协调问题。不同国家在数据保护、隐私和网络监管方面的法律极为不同，这经常成为国际合作的障碍。因此，建立一套兼容各国法律的国际协议或标准，是实现有效合作的关键。通过国际组织或多边协议，可以设立统一的规则和标准，简化跨国法律和监管的复杂性，从而加快国际合作的步伐。

国际合作的另一个重要方面是应对紧急事件的联合行动。在遭遇广泛的网络攻击时，多国可以通过预先设定的协议快速集结资源，进行联合调查和应对。这种紧急响应机制不仅能提高处理大规模网络事件的效率，也能展示国际社会共同抗击网络威胁的决心。

然而，国际合作也面临挑战。信息共享可能触及国家安全和商业机密，技术合作可能受到出口控制和知识产权保护的限制，法律和政策的协调需要克服国内外的政治和法律障碍。因此，如何在保护国家和企业利益的同时，推动开放和合作的国际环境，是未来网络安全国际合作需要解决的重要问题。

综上所述，随着网络威胁的全球化，国际合作已成为增强网络安全的必要手段。通过情报共享、技术合作、法律和政策的协调及紧急响应合作，各国可以共同提高防御能力，更有效地应对复杂多变的网络安全挑战。

第三节　威胁评估与风险管理

在网络安全领域，威胁评估与风险管理构成了防御策略的核心。这一过程不仅能帮助组织识别和理解潜在的威胁，还能为制定有效应对措施奠定基础。随着网络攻击的日益复杂和频繁，一个综合的威胁评估和风险管理策略变得尤为重要，它能够确保企业在保护关键资产的同时，维持业务的连续性。

威胁评估的首要任务是系统地识别可能对组织构成威胁的各种因素。这包括来自外部的攻击，如网络钓鱼、恶意软件入侵，以及更复杂的定向攻击等，也包括内部风险，如员工误操作、数据泄露或系统故障。通过使用多种工具和技术，如入侵检测系统、安全信息与事件管理系统，以及定期的安全审计，安全团队可以收集必要的数据，进行深入分析，从而识别出潜在的安全漏洞和威胁。

进行威胁评估之后，风险管理就是要确定这些威胁可能导致的具体影响，并基于此制定相应的应对策略。这一过程需要权衡威胁的可能性与潜在影响的严重性，以决定哪些风险需要优先处理，哪些可以接受或通过其他方式来缓解。有效的风险管理策略通常包括预防措施、减轻措施，以及事后恢复计划，确保在面对威胁时，组织能够快速恢复正常运作。

除了技术措施，人员和流程也是风险管理的关键部分。需确保所有员工都了解他们在组织安全中的角色和责任，通过定期培训来增强他们对安全威胁的识别和响应能力，这对于防范内部风险至关重要。同时，需建立清晰的通信和响应流程，确保在安全事件发生时，能够迅速有效地通知所有相关方，并协调资源进行应对。

威胁评估与风险管理是一个持续的过程，随着新技术的出现和网络威胁环境的变化，组织需要不断地调整和更新其安全策略。这包括定期评估现有的安全措施的有效性，探索新的安全技术和方法，以及更新应急响应计划。只有通过持续的努力，组织才能在不断变化的安全环境中保持韧性，有效地保护自身免受网络攻击。

一、风险评估模型与方法

在网络安全领域，风险评估模型与方法的选择和应用是构建有效防御机制的关键步骤。这一过程不仅能帮助组织识别和理解潜在威胁，还能提供管理和缓解这些威胁的策略。随着网络环境的不断演变和威胁的多样化，采用系统化的风险评估方法对于维护组织的安全架构至关重要。

风险评估通常始于一个全面的风险识别过程，这一过程涉及对所有潜在风险的收集和分类。在这个阶段，组织需要详尽地列出所有的资产，包括物理设备、软件系统、数据及人力资源，并评估这些资产可能面临的威胁。这种全面的资产和威胁清单是评估的基础，能够使风险分析更加精确。

接下来的风险分析阶段是对识别的风险进行深入研究，评估每种风险发生的可能性以及它们可能导致的后果。这一过程可以采用定量和定性的方法。定量方法，如故障树分析（Fault Tree Analysis，FTA）或事件树分析（Event Tree Analysis，ETA），提供了数学模型，可以计算特定风险事件发生的概率和潜在的影响。定性方法则能依赖专家经验和历史数据来评估风险等级，这通常涉及将风险根据其严重性和发生概率分为不同的级别。

在风险评估的最后阶段，即风险评价阶段，组织将决定如何应对各种风险。这包括确定哪些风险可以接受，哪些需要通过预防措施来减轻，哪些风险应当通过保险等方式转移。这一决策过程涉及成本效益分析，要确保采取的措施既经济又有效。此外，风险评价也应考虑组织的总体业务目标和安全策略，确保所有的安全措施都与组织的长远利益一致。

此外，风险管理是一个动态的过程，需要定期的复审和更新。随着新技术的引入和外部环境的变化，原有的风险评估可能不再适用。因此，组织必须持续监控安全环境的变化，并适时调整风险管理策略，以应对新的挑战。

总体而言，风险评估模型与方法的科学应用是网络安全管理的核心。通过这一过程，组织不仅能够更好地理解和控制潜在的安全威胁，还能确保安全措施与业务发展战略紧密相连，推动组织的可持续发展。

二、风险管理策略与计划

在网络安全领域，实施有效的风险管理策略和计划对于保护组织的信息资产至关重要。这不仅涉及对潜在威胁的识别和评估，更重要的是要建立一套系统的方法来处理这些威胁，确保组织能够在面对各种网络安全事件时，正确应对风险并迅速恢复正常运营。

风险管理策略的核心在于全面了解组织面临的所有潜在风险，并对这些风险进行适当的分类和优先排序。这个过程从全面的风险识别开始，包括对所有 IT 资产、数据、应用程序及相关人员和流程的系统性审查。此外，组织还需要考虑来自外部和内部的威胁，如网络攻击、系统故障、数据泄露或员工的误操作等。

在风险评估阶段，组织需要分析这些风险的可能性和潜在影响，以此来决定哪些风险需要优先处理。这通常涉及基于它们对组织运营的潜在威胁大小，将风险分为高、中、低三个等级。高级别的风险可能需要立即采取措施，而低级别的风险则可以选择接受或通过其他非紧急措施来处理。

风险处理策略是风险管理计划的核心，通常包括风险的规避、减轻、转移或接受。风险规避可能涉及改变业务流程或停用某些易受攻击的系统。风险减轻则可以采取技术和管理措施来降低风险发生的可能性或影响。风险转移通常涉及使用保险或通过合同将风险转嫁给第三方。最后，对于那些影响较小或处理成本过高的风险，组织可以选择接受。

实施风险管理计划还需要强调持续的监控和复审。随着技术的发展和外部环境的变化，新的威胁不断出现，旧的风险评估可能不再适用。因此，组织需要定期检查和更新其风险管理策略，以适应这些变化。这包括重新评估现有风险的影响和可能性，以及检查现有防御措施的有效性。

此外，风险管理不仅是技术问题，也涉及组织文化和员工行为。确保每位员工都了解他们在维护组织安全中的角色，通过定期培训来强化其安全意识，是风险管理成功的关键。此外，良好的沟通机制可以确保在安全事件发生时，相关人员都能迅速而有效地采取行动。

通过全面的风险管理策略和计划，组织不仅能够更好地理解和控制面临的安全威胁，还能确保在发生安全事件时及时响应，最大限度地减轻损失，保护组织的长远利益和声誉。这要求组织在技术、流程和人员等方面进行投入和持续改进，以构建一个强大而灵活的安全防御体系。

三、法规遵从与安全治理

在当今的信息安全环境中，法规遵从与安全治理是企业运营中不可忽视的重要方面。随着各种国内外数据保护法律，如欧盟的《通用数据保护条例》、美国的《加州消费者隐私法案》及其他地区相关法规的实施，企业必须确保其操作、流程和技术措施符合这些法规的要求。这不仅有助于避免高额的罚款和法律责任，还能够增强消费者信任，提升企业品牌形象。

法规遵从涉及识别和解读适用于企业的所有相关法规，并确保所有业务单位遵循这些法规。这需要企业投入相应的资源，包括人力和技术，来确保法规遵从的实施。一方面，企业需要定期进行内部审计和风险评估，监控和评估数据处理活动是否符合法律规定；另一方面，还需要实施适当的安全措施来保护数据免受侵害，减小安全事件发生的可能性。

安全治理则是通过制定适当的策略和流程，对企业的信息安全活动进行系统的管理和监督。这包括定义安全政策、制订执行计划及监控安全控制措施的执行情况。有效的安全治理要求高层领导支持和参与，确保安全策略与企业的整体战略和运营目标相一致。此外，安全治理也需要跨部门的合作，包括 IT 部门、人力资源、法律和财务等，以形成一个全方位的安全防御体系。

持续的风险管理是法规遵从与安全治理不可或缺的部分，需要企业持续评估面临的安全风险并采取相应的应对措施。这包括对新出现的威胁和漏洞进行动态监控，以及在安全策略和措施上进行必要的调整。风险管理的目标是降低安全事件发生的概率，最大限度地减少潜在的财务和运营影响。

教育和培训也是实现有效法规遵从与安全治理的关键。通过定期的员工安全培训活动，企业可以确保每位员工都了解他们在维护数据安全和保护隐私中的责任。这不仅有助于防止员工误操作导致的数据泄露，还可以增强整个组织对于安全重要性的认识。

应对策略和事故响应计划是法规遵从与安全治理策略中的一个重要方面。在数据泄露或其他安全事件发生时，快速有效的响应不仅可以限制损害的扩散，还有助于符合法规对于事件报告和通知的要求。因此，企业需要制订全面的事故响应计划，并通过演练确保这些计划的有效性。

法规遵从与安全治理是企业在现代网络环境中维持竞争力和信誉的关键。通过全面的策略和综合的管理方法，企业不仅能够避免法律风险，还能在保护客户数据和维护公众信任方面展现出责任和承诺。这要求持续的努力和不断的优化，以适应不断变化的法律环境和安全挑战。

四、构建并维护企业安全文化

在当今的数字化时代，构建和维护积极的企业安全文化是确保信息安全的关键。安全文化是指在组织中关于安全的价值观、信念、行为和习惯的集合，这种文化可以显著影响组织防御网络威胁的能力。一种强大的安全文化不仅可以增强员工对于潜在风险的认识，还能促进安全行为的形成，减少安全事故的发生。

构建企业安全文化首先需要来自组织高层的明确支持和承诺。高层领导的态度和行为会对整个组织产生深远的影响。领导层应当通过公开讨论安全问题、为安全项目投入必要资源，并通过自己的行为为员工树立榜样，展示安全的重要性。

有效的沟通是构建安全文化的关键。组织需要定期向员工传达安全政策、程序和最佳实践。这可以通过举办安全培训和研讨会、发布安全通信或创建在线安全资源中心等方式进行。沟通应当清晰且持续，确保安全信息能够到达每一个员工，并且员工能够理解这些信息。

此外，员工的参与对于培育安全文化至关重要。企业应鼓励员工在安全管理过程中发挥积极作用，如参与安全政策的制定、报告潜在的安全风险或提出改进措施。让员工参与进来，可以增强他们对安全措施的认同感和责任感。

实施行为激励措施也是构建安全文化的有效手段。这可以通过表彰安全模范员工、实施安全绩效考核或提供与安全相关的奖励来实现。这些措施可以激励员工遵循安全规范，同时提高整个组织对安全的重视程度。

不断评估和改进安全文化也非常重要。这包括定期检查现有安全政策和措施的有效性，对安全事件进行回顾，以及收集员工关于安全系统的反馈。通过这些信息，组织可以不断调整和优化其安全策略，确保它们能够有效地支持组织的安全需求。

维护一种积极的安全文化需要考虑组织的独特性。每个组织的业务模式、行业特性和企业文化都不同，这些因素都可能影响安全文化的实施方式。因此，安全措施和策略应当适应组织的特定需求，确保它们既实用又有效。

企业安全文化的构建与维护是一个持续的过程，需要组织在多个层面上做出努力。通过高层的支持、有效的沟通、员工的参与、行为激励及不断的评估和改进，组织可以逐步建立一种积极的安全文化，这不仅可以减少安全风险，还能提升组织的整体运营效率和声誉。

第四节　集成威胁管理系统

一、跨平台安全解决方案的集成

在现代企业的网络安全管理中，跨平台安全解决方案的集成成了提升防御能力的关键策略。集成威胁管理系统通过将各种独立的安全技术，如防火墙、入侵检测系统、入侵防御系统、恶意软件防护及数据泄露防护等，融合为一个统一的安全架构，实现安全防护的全方位覆盖。这种集成不只局限于物理或软件层面的结合，更重要的是实现了数据和事件信息的共享与联动，从而极大提高了威胁检测和响应的速度与准确性。

集成系统的核心在于其自动化响应能力，它使得安全系统能够在检测到潜在威胁时立即采取行动，如自动隔离受感染的终端、切断恶意通信或自动应用安全补丁。这种自动化程度不仅能减轻人力资源的负担，也能显著降低人为延误或错误导致的风险。

此外，跨平台安全解决方案的集成还包括深入的事件关联分析功能。通过汇聚来自各个安全组件的数据，系统可以应用高级分析技术，如机器学习和人工智能，对数据进行深入分析，识别出潜在的复杂攻击模式和策略。这种分析能力使得系统不仅能够响应已知的威胁，还能预测并防御新的、更隐蔽的攻击手段。

在策略和合规性管理方面，集成威胁管理系统也发挥着重要的作用。系统能够确保所有安全策略的一致性和实时更新，同时监控企业的网络安全合规性，确保符合相关法律、行业标准和政策要求。这一点对于避免潜在的法律和监管风险、维护企业声誉至关重要。

通过构建一个协同工作、自动化程度高并具备强大分析能力的安全系统，跨平台安全解决方案极大地增强了企业对抗复杂网络威胁的能力。这不仅可以提高企业的整体安全防御水平，也可以为业务的稳定和持续发展提供坚实的安全保障。

二、自动化响应与修复

在现代网络安全体系中，自动化响应与修复技术发挥着至关重要的作用，尤其是在面对日益增多和复杂的网络威胁时。这种技术使得企业能够迅速、有效地响应安全事件，最小化潜在的损害。自动化响应与修复不仅能减少对人工干预的依赖，还能显著提高处理安全事件的速度和准确性，这在保护敏感数据和系统运行稳定性方面尤为重要。

自动化响应与修复的工作机制主要基于预设的安全策略和规则，系统可以在检测到潜在威胁时自动执行一系列操作。这些操作包括隔离受感染的系统、阻断恶意网络流量、自动关闭受攻击的应用程序或服务，并立即通知安全团队。此外，高级的自动化系统还可以进行事后分析，自动收集攻击的相关数据和证据，为安全分析师提供详细的背景信息，帮助他们更快地识别攻击的性质和来源。

自动化修复是自动化响应过程的延伸，它没有停留在对威胁的即时响应上，还包括修复受影响系统的能力。修复操作可以是重新配置安全设置、更新防病毒签名、修补软件漏洞或完全恢复被破坏的文件和系统。通过集成的自动化工具，这些修复任务可以不需人工干预，大大加快恢复时间，减少业务中断。

实施自动化响应与修复系统时，企业需要考虑几个关键因素。一是确保自动化规则的准确性和适应性，这要求系统能够根据不断变化的安全威胁环境进行调整。二是系统的可靠性和稳定性，自动化系统需要在各种网络条件下都能稳定运行。三是安全团队需要对自动化响应和修复系统进行定期的测试和评估，确保系统在真实攻击场景中的有效性。

尽管自动化响应和修复系统极大地提高了处理事件的效率，但企业仍需谨慎考虑自动化水平。过度依赖自动化可能会忽视人工智能和直觉在复杂决策过程中的价值，特别是在处理未知或复杂威胁时。因此，理想的做法是将自动化系统作为人工安全团队的一个补充，而非完全替代。

自动化响应与修复技术为企业提供了一种强有力的工具，其能以更快的速度和更高的效率应对网络安全威胁。通过合理的设计和持续的优化，自动化系统不仅能够提高企业的安全防护能力，还能帮助企业在日益复杂的网络环境中保持竞争优势。

三、实时数据分析与决策支持

在集成威胁管理系统中，实时数据分析与决策支持发挥着重要的作用，它们使得安全团队能够基于最新的数据做出快速且准确的安全决策。随着网络环境的日益复杂，传统的安全监控方式往往难以满足安全团队对实时性和精确性的高要求，而实时数据分析技术的应用则为应对这一挑战提供了解决方案。

实时数据分析技术通过持续收集和分析网络流量、用户行为、应用活动等信息，能够即时发现异常行为或潜在威胁。这种分析不仅包括量化数据的统计和评估，还涉及对数据进行深入的行为分析，如异常检测、趋势分析和模式识别。通过利用大数据技术和机器学习算法，这种分析可以从海量数据中快速筛选出关键信息，提高事件的检测准确率，减少误报和漏报的情况。

决策支持系统（Decision-making Support System，DSS）则进一步利用实时分析得到的数据，为安全团队提供科学的决策依据。这类系统通常包括可视化工具，将复杂的数据以图表或地图等形式直观地呈现出来，帮助安全专家快速理解当前的安全状况。更高级的决策支持系统还可能包括模拟和预测功能，允许安全团队在采取行动前，评估不同应对策略可能带来的后果。

实时数据分析与决策支持在网络安全管理中的应用具有多方面的优势。首先，它可以显著提高安全事件的响应速度。在网络攻击发生时，每一分钟甚至每一秒钟都可能导致更大的损失，实时分析可以确保安全团队在第一时间内得到警报，并快速定位问题源头。其次，通过持续的监控和分析，企业可以更好地理解自己的安全态势，识别系统的薄弱环节，从而在发生攻击前预防性地加以强化。

然而，实时数据分析与决策支持系统也面临一些挑战。例如，系统的准确性高度依赖所使用的数据和算法的质量。不准确的数据或不适合的算法可能导致误判，增加企业运营的风险。此外，处理和分析大规模数据需要强大的计算能力和存储资源，这可能会增加企业的技术投入和操作成本。

实时数据分析与决策支持系统为现代网络安全管理提供了强有力的技术支持，可以帮助企业在复杂多变的安全环境中保持警觉并有效应对威胁。随着技术的进步和成本的降低，这些系统将在更多企业中得到广泛应用，成为网络安全不可或缺的工具。

第五节　先进的数据隐私保护技术

一、差分隐私

差分隐私是一种在统计数据发布和分析中保护个人隐私的技术，它通过在发布的数据中加入一定量的随机噪声来保证即使在数据泄露的情况下也很难精确地识别出个人信息。差分隐私的核心思想是，对于任何两个相似的数据集（它们只在一个元素上有所不同），执行相同的查询应该返回相似的结果，从而确保无法通过查询结果推断出任何特定个人的信息。

实施差分隐私主要涉及两个关键参数：隐私预算和噪声的分布。隐私预算（通常表示为 ε，即 epsilon）是一个度量，用于衡量允许加入数据的隐私损失的上限。隐私预算越小，加入的噪声就越多，数据的隐私保护就越强，但同时数据的实用性可能会降低。噪声的分布决定了如何在数据中添加噪声，常见的方法包括使用拉普拉斯分布或高斯分布。

差分隐私技术在多种应用场景中都非常有用，特别是在需要保护敏感数据的统计分析和数据挖掘中。例如，谷歌和苹果公司都在其数据收集和分析过程中使用差分隐私技术，以确保用户的个人信息不会因为公司的分析活动而暴露。在医疗、金融和社会科学研究等领域，差分隐私也越来越受到重视。

尽管差分隐私提供了强有力的隐私保护，但它也带来了一些挑战和限制。首先，如何平衡隐私保护和数据实用性是一个持续的问题，过多的噪声可能会使数据失去分析价值。其次，实施差分隐私需要专业知识，包括选择合适的隐私预算和噪声模型，这对数据管理员的技能要求较高。此外，差分隐私保护的有效性很大程度上取决于噪声添加的准确性和隐私预算的合理设置。

差分隐私是一个强大且日益流行的数据保护工具，它通过确保在数据分析中难以识别单个个体来保护个人隐私。随着数据隐私问题的日益突出，差分隐私将在未来的数据保护技术中扮演更加重要的角色。然而，为了最大限度地发挥其效用，组织需要投入适当的资源来理解和实施这种技术，确保在保护个人隐私的同时，不牺牲数据的价值和准确性。

二、同态加密

同态加密是一种革命性的数据安全技术，它允许在加密数据上直接进行计算，而计算结果仍然保持加密状态。这种技术的开发初衷是解决数据隐私和安全问题，同时不牺牲数据的可用性和功能性。同态加密技术使得数据处理和分析可以在不解密数据的情况下进行，从而确保了数据在处理过程中的绝对隐私和安全。

同态加密技术最大的优势在于其能够使数据在被加密的状态下仍可用于复杂的处理任务，如搜索、排序、统计分析等。这一特性尤其适用于需要高度保密的环境，如金融服务、健康信息处理及跨境数据服务等领域。在这些应用场景中，同态加密技术不仅能保护数据在传输和存储过程中的安全，还能确保计算过程中的数据隐私安全。

实现同态加密涉及几种不同的技术方法，包括部分同态加密、全同态加密和基于学习的同态加密。部分同态加密只支持有限的操作，如只允许加法或乘法操作；全同态加密则支持无限制的加法和乘法操作，使得对数据的任何算术计算成为可能；基于学习的同态加密则利用困难的数学问题来保证加密的安全性，这些问题即便是利用最强大的计算资源也难以解决。

尽管同态加密提供了极高的数据安全性，它仍然面临一些挑战和限制。首先，同态加密操作的计算成本相对较高，这可能影响实际应用的效率和响应时间。加密过程中增加的计算复杂性和资源消耗是当前同态加密技术应用的主要障碍之一。其次，同态加密技术的实现和维护需要高水平的专业知识和技术支持，这对许多组织来说是一个不小的挑战。

此外，随着量子计算的发展，传统加密技术面临被破解的风险，而同态加密技术因其有复杂的数学基础，在理论上具有对抗量子计算攻击的潜力。这使得同态加密不仅是当前数据安全的有效工具，也可能是未来防御高级计算威胁的关键技术。

同态加密技术在理论和实践中都展示了巨大的潜力，尤其是在需要同时保证数据隐私和功能性的场合。随着技术的进步和应用的扩展，同态加密会成为保护敏感数据不受未授权访问影响的重要工具，尤其是在数据云计算和大数据分析日益普及的今天。

三、区块链在隐私保护中的应用

区块链技术因其独特的去中心化特性和提供不可篡改的数据记录而被认为是增强数据隐私保护的有效工具。在隐私保护的应用中，区块链能够提供高透明度同时确保用户数据的安全和私密性，这使得它成为处理个人数据和敏感信息的理想选择。

区块链在隐私保护中的应用主要体现在以下几个关键方面：

1. 数据加密与匿名性：区块链上的数据通过高级加密技术保护，确保只有拥有正确密钥的用户才能解密和访问信息。此外，区块链支持使用匿名或伪名进行交易，极大增强了用户的隐私保护。这种匿名性不仅适用于金融交易，还可应用于在线投票、健康记录等需保密处理的场景。

2. 数据不可篡改性：区块链的数据一旦加入区块并经网络验证，就无法被更改或删除。这种不可篡改性为防止数据篡改和确保数据完整性提供了强有力的保障，特别是在法律文件存储、财务记录及需要高度数据完整性的场景中非常有用。

3. 智能合约在数据管理中的应用：智能合约是区块链技术的一个核心应用，它允许自动执行合约中编码的条款。在隐私保护方面，智能合约可以用来控制谁可以访问特定的数据以及在何种条件下可以访问，从而确保数据使用的合规性和透明性。

4. 分布式存储：区块链的分布式存储机制意味着数据不是存储在单一位置上，而是分散在网络中的多个节点上。这种分布式特性不仅可以增强数据的安全性，还可以降低中心化数据仓库遭受攻击的风险。

5. 用户控制权增强：区块链技术提供了用户对自己数据的直接控制权。用户可以直接管理自己的数字身份和相关数据，而不需要依赖第三方服务提供者。这一点在提升个人数据主权和防止数据滥用方面具有重要意义。

总之，区块链在隐私保护方面有多重优势，从加强安全性和匿名性到提供不可篡改的记录和增强用户控制权，这些特性都让区块链成为未来隐私保护和数据安全的关键技术。随着技术的不断发展和应用的不断深化，区块链将在保护个人隐私和企业敏感数据方面发挥越来越重要的作用。

四、零知识证明

零知识证明是一种密码学方法，它允许一方（证明者）向另一方（验证者）证明某个陈述是正确的，而不需透露该陈述的正确性之外的任何信息。这种技术在保护隐私方面具有极大的潜力，因为它可以使验证过程中不需要公开任何实际的数据或秘密。

零知识证明的核心思想是"我知道一个秘密，但我可以证明我知道这个秘密而不告诉你这个秘密是什么"。例如，一个用户可以证明他们知道网站密码而不将密码透露给验证服务器，或者证明他们拥有足够的资金进行交易而不显示实际账户余额。这种方法是通过构建一个数学挑战，使得证明者必须提供一个符合预定条件的解答才能通过验证，但这个解答本身不透露任何有关秘密的信息。

零知识证明的应用非常广泛，从增强在线用户认证的安全性到保护区块链交易的隐私。在区块链应用中，零知识证明可以用于创建完全匿名的交易，这些交易可以证实交易的有效性而不透露任何有关交易金额或参与方的信息。这对于需要高隐私保护的应用，如金融服务、个人数据管理及需要保护个体隐私的场景，都是极其宝贵的。

实现零知识证明通常涉及复杂的数学和算法设计。最常见的方法包括交互式证明系统和非交互式证明系统。在交互式证明系统中，证明者和验证者之间会进行多轮通信，每一轮通信都是验证过程的一部分。非交互式证明系统则通过一种公共参考字符串（Common Reference String，CRS）技术，允许证明者一次性生成一个证明，验证者可以在没有进一步通信的情况下验证这个证明。

尽管零知识证明提供了强大的隐私保护能力，它的实际应用仍然面临一些挑战。首先，零知识证明的计算过程通常比传统方法更加复杂和耗时，这可能会影响系统的效率和响应速度。其次，设计零知识证明系统需要高级的密码学知识和技术，这可能会限制它在没有专业技术支持的环境中的普及。

在保护隐私方面，零知识证明是一个有巨大潜力的密码学技术。随着相关技术的不断发展和优化，以及更广泛的社会和技术环境对隐私保护需求的增加，零知识证明有望在未来的网络安全和数据保护领域扮演更加重要的角色。

第七章 数据安全与隐私保护

第一节 数据安全标准与实践

在数字化时代，数据安全与隐私保护已成为企业和组织必须面对的重大挑战。随着数据量的急剧增加以及越来越多的业务活动在线上进行，如何确保数据安全、防止数据泄露，并保护个人隐私，成了评估一个企业社会责任和技术能力的重要方面。数据安全标准和最佳实践的制定和遵循，不仅有助于防止安全事件的发生，还能够帮助企业建立公众的信任，从而在激烈的市场竞争中占据有利地位。数据安全的核心在于确保数据的机密性、完整性和可用性。这三个原则构成了数据安全管理的基石。机密性意味着数据只能被授权的用户访问；完整性可确保数据在存储、传输或处理过程中不被未授权的人更改；可用性则会保证授权用户能够在需要时访问数据及相关的资源。

为了实现这些目标，企业必须采取一系列的安全措施，并持续更新以应对新的威胁。随着技术的发展和网络安全威胁的不断演变，一系列国际和地区性的标准被制定出来，以指导企业更好地管理和保护数据。例如，ISO/IEC 27001 是国际公认的信息安全管理系统标准。此外，行业特定的标准如支付卡行业数据安全标准对于处理信用卡数据的企业来说，是必须遵守的规范。

在实践中，数据安全的实施涉及多个层面的工作，从物理安全到网络安全，再到应用安全。物理安全措施可确保数据中心、服务器和其他关键基础设施免受物理入侵和自然灾害的影响。网络安全措施，如防火墙、入侵检测系统和数据加密，可保护数据在传输中不被截获或篡改。应用安全措施，包括安全编码实践和定期的软件更新，可确保应用程序本身不成为攻击者的突破口。

除了技术措施，组织还需制定严格的政策和程序，以确保员工、合作伙伴和第三方服务提供商都明白他们在数据保护中的责任和角色。定期的培训和意识提升活动是至关重要的，它可以帮助减少因人为错误而产生的数据泄露事件。此外，应急响应计划和事故管理流程也是不可或缺的部分，它们能够确保在数据安全事件发生时，迅速有效地进行响应和恢复。

数据安全与隐私保护需要企业从技术、管理和法律多个层面进行综合考量。通过遵循相关的数据安全标准和采纳最佳实践，企业不仅能够保护自身免受安全威胁的影响，还能在保护客户数据方面展现出责任感和专业能力，从而在全球市场中脱颖而出。

一、国际与国内数据安全标准

在数字化深入发展的今天，数据安全成了全球企业不可忽视的重要议题。随着数据泄露事件频发和网络攻击日益复杂，遵循国际与国内的数据安全标准已成为企业保护自身及其客户安全的基本要求。国际与国内标准的制定和实施，旨在为企业提供一套清晰的数据处理和保护指南，以确保数据安全与隐私防护达到一定的国际化水平。

国际数据安全标准，如 ISO/IEC 27001，提供了一个全球认可的框架，用于建立、实施、运行、监控、审查、维护和改进信息安全管理系统。这个标准涵盖信息安全的各个方面，包括资产管理、人力资源安全、物理和环境安全、通信和运营管理、访问控制等。企业通过获取 ISO/IEC 27001 的认证，不仅能显示其对保护信息安全的承诺，还可以在国际市场中提升信誉。

在美国，《健康保险可携带性和责任法案》专门针对健康信息的保护做出了严格的规定。此外，《加州消费者隐私法案》也提出了对于个人信息处理的详细要求，为消费者数据的隐私提供了更广泛的保护。这些法规要求企业不仅要严格数据处理流程，还要确保数据在整个生命周期中的安全。

《通用数据保护条例》（GDPR）设立了一种更全面和更严格的数据保护框架。GDPR 对企业如何处理涉及欧盟公民的个人数据提出了严格要求，包括数据最小化、数据保护默认设置和数据保护影响评估等原则。GDPR 的实施提高了数据隐私标准，对全球运营的企业产生了深远影响。

在亚洲，各国根据自身的社会法律环境制定了不同的数据保护法规。例如，《中华人民共和国网络安全法》不仅要求企业加强个人信息保护，还强调了对国家网络空间安全的保护责任。日本的《个人信息保护法》则通过设定严格的个人数据处理规则，确保个人信息在收集、使用和存储过程中的安全。

面对这些多样化的国际与国内标准，企业需要建立一套全面的合规策略，以应对不同法规的要求。这通常涉及跨部门的合作，包括法律、IT 和合规等团队的共同努力，确保所有的数据处理活动都符合相关的法律和标准。此外，随着法规的不断更新和技术的迅速发展，企业还必须保持灵活，以适应不断变化的安全环境。

国际与国内数据安全标准的遵循对于任何在数字时代运营的企业来说都是必不可少的。这不仅有助于保护企业和客户的数据安全，还能提升企业的竞争力和市场地位。通过持续的教育、培训和技术投资，企业可以更有效地应对这一挑战，确保在全球化的市场中稳健发展。

二、数据安全管理体系

在数字化迅速发展的当今时代，建立和维护一个全面的数据安全管理体系对于组织是至关重要的。数据安全管理体系（Data Security Management System，DSMS）是一套组织内部用于确保数据安全、完整性及可用性的政策、程序和技术措施。它涵盖从数据的创建、存储、使用到销毁的整个生命周期，旨在保护数据免受未授权访问、泄露、损坏或丢失。一个有效的数据安全管理体系以风险管理为核心，包括识别和评估潜在的数据安全风险，以及制定相应的缓解策略。这个过程始于对组织中处理的所有数据类型的彻底的分类和评估，以确定哪些数据是敏感的，哪些数据需要特别保护措施。通过这种分类，组织可以优先保护对业务运营最关键或对遵守法规最重要的数据。

技术控制措施是数据安全管理体系的一个重要组成部分。这包括使用防火墙、入侵检测系统、加密技术和访问控制系统来保护数据的机密性和完整性。例如，加密技术可以确保数据在传输过程中或存储时不被未授权者读取，而访问控制系统则可确保只有授权用户才能访问特定的数据或系统。

除了技术措施，数据安全管理体系还应包括一系列的管理措施和策略。这包括数据保护政策、员工培训计划及定期的安全审计。数据保护政策应详细规定如何处理和保护数据，包括对数据访问、数据共享和数据存储的具体要求。同时，员工是保护数据的第一道防线，因此定期对员工进行数据保护和网络安全培训是非常必要的。

应急响应计划也是数据安全管理体系的关键组成部分。这包括事先准备好的程序和流程，以便在数据泄露或其他安全事件发生时快速有效地应对。应急响应计划应涵盖事故的初步评估、事件的通报、影响的缓解及后续的恢复措施。通过模拟演练和实际演习，组织可以确保应急响应计划的有效性，并随时进行必要的调整。

此外，合规性监控是数据安全管理体系不可或缺的一部分，特别是对于那些需要遵守特定行业标准或法律法规的组织。通过定期的合规性检查和第三方安全评估，组织可以确保其数据处理活动符合相关的法规要求，及时发现并解决合规问题。

数据安全管理体系是一个复杂的多层面系统，需要组织在技术、管理和合规性方面做出持续的努力。通过实施全面的数据安全管理措施，组织不仅能够保护其数据资产免受威胁，还能够在充满不确定性的数字化环境中保持有力的竞争。

三、加密与数据保护技术

在当前信息安全领域，加密技术和数据保护技术是保护数据安全不可或缺的工具。随着企业和组织越来越多地依赖数字化存储和传输敏感信息，有效的加密措施成为保障数据机密性、完整性和可用性的关键手段。加密不仅能帮助保护数据免受未授权访问，还能确保在数据传输过程中的安全，防止数据在被窃取时被篡改或利用。加密技术通过将数据转换成不可读的格式来保护信息的机密性，这一过程需要使用密钥进行数据的加密和解密。

加密分为两种主要类型：对称加密和非对称加密。对称加密使用相同的密钥进行数据的加密和解密，这种方式在需要快速处理大量数据时非常有效。然而，对称加密的密钥管理较复杂，因为涉及密钥的安全传输和存储。常见的对称加密算法包括高级加密标准和数据加密标准。非对称加密，也称公开密钥加密，使用一对密钥，即公钥和私钥。公钥可以公开，用于加密数据；私钥必须保密，用于解密数据。这种加密方式解决了密钥分发的问题，适用于不安全的通信环境。非对称加密的典型应用是在数字签名和SSL/TLS证书中，其中常见的算法包括RSA和ECC（椭圆曲线加密）。

除了传统的加密技术，数据掩码和数据标记也是数据保护的重要技术。数据掩码通过创建数据的无敏感副本来保护敏感信息，这对于在开发和测试环境中保护真实数据尤为重要。数据标记则涉及将敏感数据分类并打上标签，以确保在数据处理和存储过程中遵循适当的安全措施。

另外，随着云计算和大数据技术的发展，数据分割和分布式存储技术也越来越受到重视。这些技术通过在多个位置存储数据的片段，不仅能提高数据的安全性，还能增强数据的可用性和灾难恢复能力。

在实施加密和其他数据保护技术时，企业还需要考虑性能和合规性的要求。加密操作可能会影响系统性能，因此必须在保证安全的同时优化性能。同时，随着各地区保护数据的法律的制定，企业必须确保其数据保护措施符合相关法律法规的要求。

　　加密与数据保护技术是现代企业保护信息资产的基石。通过合理应用这些技术，企业不仅能够防止数据泄露和未授权访问，还能在保护消费者隐私和企业机密信息方面取得法律和道德上的双重成功。在数字化和网络安全威胁不断演进的今天，持续更新和强化这些安全措施对组织来说都至关重要。

四、案例分析：成功的数据安全实施

　　在数字化快速发展的今天，确保数据安全已成为各种组织面临的重大挑战。下面通过一个具体的案例，我们可以清楚地看到，成功的数据安全实施策略需要综合技术、管理和文化等多方面的考虑。案例涉及的是一家全球性金融公司，该公司处理着大量的敏感交易数据，面临着来自各方的安全威胁，包括高级持续性威胁、内部数据泄露和网络钓鱼等。为了应对这些挑战，公司采取了一系列综合措施，以强化其数据安全防护体系。

　　该公司首先进行了全面的安全风险评估，明确了所有资产的安全等级，并识别出安全薄弱环节。这一步是至关重要的，因为它能够帮助公司有针对性地部署资源和防护措施，而不是一味地采取广泛但可能无效的安全策略。

　　在技术防护方面，该公司实施了端到端的数据加密，确保数据在传输和存储过程中的安全性。同时，采用多因素认证和最小权限原则，严格控制访问敏感数据的人员。此外，通过部署最新的防火墙和入侵检测系统，增强了对网络攻击的实时监控。

　　在管理策略上，该公司制定了严格的数据安全政策，明确了各部门在数据保护中的职责和行为规范。通过定期的安全审计和合规性检查，确保所有操作均符合国际和国内数据保护法规。此外，该公司高度重视员工的安全意识培训。通过定期举办培训，加强员工对于最新网络安全威胁的认识和应对能力。这种文化层面的建设有助于提高员工在日常工作中的安全行为标准，减少因疏忽或错误操作引发的安全事件。

　　这些措施的实施显著提升了该公司的数据安全水平，极大地减少了数据泄露和其他安全事件的发生。通过这一成功的案例，我们可以看到，一个强大的数据安全管理体系不仅需要先进的技术，还需要严格的管理策略和深入的文化建设。这种多层次、全方位的安全策略，能够使公司在保护敏感数据的同时，保障业务的连续性，最终在激烈的市场竞争中保持优势。

第二节 隐私保护的法律与伦理问题

在数字化时代，隐私保护法律与伦理问题成为全球范围内热议的话题。个人数据的广泛使用已经深入社会生活的每一个角落，从社交媒体到在线购物，从智能家居到健康监测，数据无处不在，同时也无时不在被收集和处理。这种情况对隐私保护提出了前所未有的挑战，引发了一系列复杂的法律和道德问题。随着技术的不断发展和数据泄露事件的频发，如何平衡技术创新与个人隐私保护，已经成为必须回答的问题。

隐私保护法律旨在设定规则和界限，以保护个人免受未经授权的数据访问和使用。不同国家和地区的法律在这方面有所差异，但共同的目标是保障个人的基本权利和自由。例如，欧盟的《通用数据保护条例》提供了全球最严格的数据保护标准，它重视个人对自己数据的控制权，严格规定了数据的收集、使用和共享方式。美国虽然缺乏统一的联邦级数据保护法规，但各州如加州通过的《加州消费者隐私法案》，也开始对企业处理个人数据的方式提出要求。

除了法律要求，隐私保护还涉及深层的伦理考量。在伦理层面，隐私不只是一项法律权利，更是尊重和尊严的表现。每个人都有权控制自己信息的使用，这关系到个人的自主权和选择自由。然而，随着大数据分析和人工智能等技术的应用，个人数据的使用已经远远超出了传统的范畴，这就要求企业和组织在使用这些技术时，必须仔细考虑其可能对个人隐私的潜在影响。

实际上，隐私保护的法律和伦理问题不仅关乎技术和法规的适用，更是一场关于权力的较量。数据通常被视为新时代的"石油"，对经济价值的巨大贡献使得各方对数据的控制越发激烈。在这种背景下，保护隐私的法律和伦理标准提供了一种方法，确保数据的使用不会侵犯到个体的权利和自由。

面对不断变化的技术环境和日益复杂的社会互动，更新和强化隐私保护的法律与伦理标准显得尤为重要。企业和组织必须不断审视和调整自己的数据处理活动，确保它们既符合法律的要求，又符合道德的期待。同时，消费者也需要提高对自己数据权利的认识，利用法律赋予的权利来主动保护自己的隐私。

隐私保护法律与伦理问题的讨论揭示了一个不断发展的领域，这个领域需要法律专家、技术开发者、政策制定者和公众参与者的共同努力，以确保技术进步能够促进而不是破坏个人的隐私权利。这是一个复杂而至关重要的任务，它要求我们必须对隐私保护保持警惕并采取行动。

一、数据隐私的法律框架

在数字化时代，隐私保护已成为全球关注的热点问题，不同国家和地区针对数据隐私制定的法律框架各不相同，这反映了对个人信息保护重要性认识的提升以及对技术发展的应对措施。这些法律框架的建立不仅是为了保护个人隐私，还是为了适应全球化数据流动的需要，确保数据跨境转移的安全性与合规性。

欧盟的《通用数据保护条例》（GDPR）是目前世界上最严格的数据保护法规之一，它是数据隐私保护立法的一个重要里程碑。GDPR强调数据处理的透明性、目的限制和数据最小化原则，要求企业在处理个人数据时必须获得明确的同意，且数据收集的目的明确且合法。此外，GDPR赋予个人多项权利，包括访问权、更正权、删除权及反对和限制处理个人数据的权利，极大地增强了数据主体的控制权。

在美国，各个州如加利福尼亚、纽约等州已经或正在制定自己的数据保护法规。例如，《加州消费者隐私法案》是美国一项重要的州级数据保护法律，它提供了类似于GDPR的消费者权利保护，如数据访问权、删除权和反对出售个人信息的权利。此外，美国还有针对特定行业的数据保护法规，如《健康保险可携带性和责任法案》，该法案专门对医疗行业的数据保护提供指导。

在亚洲，随着数据驱动的商业模式的发展，各国也逐渐加强了数据隐私的法律建设。《中华人民共和国个人信息保护法》和《中华人民共和国数据安全法》标志着中国在数据保护领域的重大立法进步，这些法律规定了数据处理的合法性、正当性和必要性，严格限制非法收集、使用、加工和跨境传输个人数据。日本、韩国和印度等国家也都有相应的数据保护法律，以应对数字经济中的隐私保护挑战。

数据隐私的法律框架不仅需要解决技术与法律的挑战，还需要处理国家间的协调与合作问题。随着数据全球化流动的加速，各国在数据保护标准上的差异可能会成为跨境数据流动和进行国际商务活动的障碍。因此，如何在尊重各国法律的基础上推动国际合作与数据保护标准的协调，是当前全球数据隐私法律框架面临的重要课题。

构建有效的数据隐私法律框架是一个复杂且持续的过程，需要各国政府、国际组织及企业的共同参与和努力。随着技术的不断进步和数据应用的日益广泛，这一框架需要不断应对新的挑战和变化，以保护个人隐私权益，促进数据安全与自由流动的平衡。

二、伦理问题与数据利用

在当前的信息时代，数据已成为推动创新和经济增长的关键资源。然而，随着数据的广泛应用，伦理问题也日益凸显，尤其是在数据利用方面。这些问题涉及如何平衡数据的有效利用与个人隐私保护、确保数据使用的公正性，以及维护社会整体的利益。

数据利用带来的伦理挑战首先体现在隐私保护上。隐私权是人的基本权利之一，但在大数据分析和人工智能等技术推动下，个人信息如购物习惯、位置信息甚至是政治倾向等都可能被收集和分析。这种广泛的数据收集与处理可能会在未经个人同意的情况下进行，侵犯个人隐私权。企业和组织在追求数据驱动的决策优势时，必须确保数据的收集、使用和分享过程透明且符合伦理标准，确保数据主体的知情权和同意权得到尊重。

另一个重要的伦理考量是数据使用的公正性。数据分析和算法决策已被广泛应用于从信用评分到就业筛选的各个领域。然而，如果这些算法的设计或所依赖的数据集存在偏差，那么算法的输出结果可能会加剧社会不公，如加剧对某些群体的歧视。因此，开发和应用这些算法的企业和研究者有责任确保算法的公正，避免算法偏差，并对可能的不公进行适当的纠正。

数据的使用还涉及信息安全问题。随着数据泄露事件的频发，如何保护存储的数据不被非法访问或滥用成为一个重大的伦理问题。组织需要采取强有力的安全措施保护数据安全，防止数据被盗用来进行诈骗、勒索等犯罪活动。同时，组织在发现数据泄露事件时，应及时通报受影响的个人和相关监管机构，以减少信息泄露对个人和社会的伤害。

数据利用的另一个伦理问题是它可能对社会造成影响。例如，基于位置数据的大规模监控可能会引发对社会监控和个人自由的担忧。此外，数据的商业化使用，如通过分析个人数据来进行精准推送，也引起了广泛的关注和讨论。企业在利用数据创造经济价值的同时，应考虑到其行为对社会价值和公共利益的影响。

面对这些伦理挑战，需要制定更严格的数据管理规范和伦理指导原则。这不仅包括遵守相关的数据保护法律法规，更包括在组织内部建立伦理审查机制，评估数据项目可能带来的伦理风险。此外，增强公众对数据权利的认知，促进社会对数据伦理问题的广泛讨论，也是推动解决这些问题的关键。

数据利用带来的伦理问题复杂多样，需要企业、政府及国际社区共同努力，建立一个公正、透明、安全和有利于社会发展的数据利用环境。只有在确保数据使用的伦理性和责任性的基础上，技术创新才能更好地服务于人类社会的整体福祉。

三、隐私保护技术

在数字化快速发展的今天，隐私保护技术成了确保个人信息安全的关键。随着技术的进步，从数据收集、存储到处理的每一个环节都需要强大的隐私保护措施。这些技术不仅可以帮助企业遵守日益严格的法律法规，还可增强消费者对企业的信任。本书会探讨一系列现代隐私保护技术，以及它们如何帮助保护个人隐私，并支持企业和组织有效管理和安全使用数据。

四、全球隐私保护的发展

在全球化的今天，隐私保护已经成为一个跨国界的关注焦点。随着数据跨境流动的增加和数字技术的迅速发展，各国政府和国际组织正不断加强对个人隐私的保护。这一趋势反映了全球对隐私权重要性认识的提升，以及对保护这一权利的法律和政策的不断发展。

《通用数据保护条例》（GDPR）为全球许多地区的法律提供了模板。GDPR的核心在于加强个人对自己数据的控制权，并且对企业处理个人数据的方式施加了严格的限制，要求数据处理的透明度，强化了数据主体的权利，包括访问权、更正权、删除权及反对处理个人数据的权利。

美国各州已经或正在制定自己的数据保护法规。这些法律赋予了消费者诸多控制个人数据的权利，标志着美国在州级层面对隐私保护的重视逐步增强。

亚洲各国在隐私保护立法上的步伐也在加快。例如，中国的法律，旨在加强对个人数据的保护和规范数据处理活动。日本和韩国等国家也已经建立了较完善的数据保护法律体系，与国际接轨。

在非洲和拉丁美洲，隐私保护的法律基础虽然起步较晚，但近年来也显示出快速发展的趋势。非洲的一些国家，如南非共和国，已经实施了全面的数据保护法规。拉丁美洲国家如巴西通过了《通用数据保护法》（LGPD）。这些法律表明这些地区正在迅速赶上全球隐私保护的步伐。

这种全球范围内对隐私保护的强化不仅是对技术发展的反应，也是对公众对隐私关切的回应。数据的全球流动要求国际合作在隐私保护方面发挥更重要的作用。不同国家和地区的法律虽然各有侧重，但共同的目标是保护个人隐私，确保数据的安全和公正使用。为了实现这一目标，国家间需要有更多的沟通和协调，以对抗数据泄露和滥用带来的风险。

隐私保护正在成为全球共识，各国都在通过法律来应对数字时代的挑战。通过全球合作和法律的进一步完善，我们可以更好地平衡技术创新与个人隐私保护的需求。

第三节　数据泄露的影响与防护措施

在数字化时代，数据泄露已成为各行各业面临的重大威胁，其造成的影响既深远又多面，涉及财务损失、信誉受损、客户信任度下降及法律责任等多个方面。因此，构建一套全面的防护措施对于预防和应对数据泄露至关重要。

鉴于数据泄露的严重后果，企业必须采取以下防护措施：第一，数据加密是保护存储和传输数据的基本方式。通过加密技术，即使数据被非法访问，信息也会因加密而难以被利用。第二，实现严格的访问控制是必要的。要确保只有授权人员才能访问敏感数据，并通过实施多因素认证增加安全层级。此外，实时监控和定期进行安全审计能够帮助企业及时发现异常行为和潜在漏洞，从而快速响应以防止数据泄露。第三，制订并执行数据泄露应急响应计划也是关键。一旦发生数据泄露，企业应能迅速采取行动，包括隔离受影响系统、通知受影响用户和监管机构，以及采取措施防止进一步的数据损失。第四，持续的员工教育和培训对防止人为错误导致的数据泄露至关重要。员工应了解他们在数据保护中的角色和责任，以及如何识别和应对安全威胁。

虽然完全避免数据泄露是不现实的，但通过实施这些综合性的防护措施，企业可以显著降低数据泄露的风险和潜在影响，保护自身及其客户的利益。

一、数据泄露的后果

在数字化时代，数据泄露已成为全球性的严重问题，其影响深远，不仅损害个人和企业的利益，还可能对社会和国家安全造成威胁。从财务损失到法律责任，从个人隐私侵犯到国家安全问题，数据泄露的后果层面多样，影响复杂。

财务损失是数据泄露的直接后果之一。企业在发生数据泄露后，需要承担调查成本、增强安全防护的资金投入、赔偿受影响方的费用以及可能的罚款。这些开销加在一起，可能对企业的财务状况造成重大打击。此外，数据泄露事件通常会导致企业股价下跌，影响其市场评价。

声誉损害是数据泄露可能带来的重大影响。对于依赖消费者信任的企业尤其如此。一旦公众知晓数据泄露事件，企业的声誉可能会迅速下滑，客户流失，合作伙伴关系受损，从而影响企业的长期发展。恢复公众信任可能需要很长时间，这期间企业可能会遭受连续的经济损失。

法律责任也是数据泄露后果中不容忽视的一部分。许多国家和地区对数据保护有着严格的规定，违反这些规定的企业可能面临高额的罚款、法律诉讼。例如，欧盟的《通用数据保护条例》规定，违反其规定的企业可能会被处以全球年营收 4% 的罚款或高达 2000 万欧元的罚款，两者取较高者。

对个人而言，数据泄露可能会导致其敏感信息被泄露，如财务信息、健康记录和个人身份信息等。这不仅会侵犯个人的隐私权，还可能会导致诸如身份盗窃、信用卡欺诈等一系列安全问题。个人在解决这些问题时可能需要投入大量的时间和资源，从而严重影响生活质量。

从国家安全的角度看，特别是涉及国家机密和重要基础设施的数据泄露，可能对国家安全构成直接威胁。此类数据泄露可能会导致国家防御能力受损，甚至影响国家的政治稳定。

鉴于数据泄露的严重后果，采取有效的预防措施至关重要。这包括但不限于实施强有力的安全政策，定期进行安全审计，对员工进行数据安全培训，以及建立快速响应机制以应对可能的数据泄露事件。只有通过这些综合措施，个人、企业乃至国家才能有效地减少数据泄露的风险，保护自身免受其可能带来的严重后果。

二、预防数据泄露的技术与策略

在数字化时代，数据泄露已成为企业和个人面临的一大挑战。有效预防数据泄露不仅关乎信息安全，还直接影响企业的声誉和经济效益。实施全面的预防策略是维护数据安全的关键，这包括采用多种技术手段和管理措施来构建坚固的防御系统。

技术手段的核心在于确保数据在存储和传输过程中的安全。数据加密是最基本的防护措施之一，通过对数据进行加密处理，可确保即便数据被非法访问也无法被轻易解读。此外，应用如防火墙、入侵检测系统和数据泄露防护系统等，可以有效监控和阻止潜在的非法访问和数据泄露行为。网络隔离也是重要的技术手段，它能通过划分安全区域保护敏感数据，限制不同网络区域间的数据访问和传输。这种方法能够降低潜在的跨区域攻击和数据泄露风险。

管理策略方面，数据分类和数据生命周期管理是保护数据的基础。对数据进行有效分类，为不同级别的数据实施相应级别的保护措施，可以有效管理和保护关键信息。同时，企业应定期对数据保护政策进行审查和更新，确保策略与当前的技术环境和业务需求相匹配。定期对员工进行数据保护和网络安全的培训，可以显著降低因操作不当造成的数据泄露风险。此外，要制订和测试数据泄露应急响应计划，确保在发生数据泄露时能够迅速有效地应对，减少损失。

预防数据泄露需要企业从技术和管理两个层面进行考虑和布局。通过实施这些策略，企业不仅能够保护关键数据不受威胁，还能增强客户和合作伙伴的信任，维护企业的长期发展和市场竞争力。在不断变化的安全威胁面前，企业需要持续地更新和完善自己的数据保护策略，以应对未来可能出现的各种安全挑战。

三、应对数据泄露的应急措施

在数字化时代，数据泄露已经成为一种常见的风险，会对企业和个人造成严重影响。如果数据泄露发生，及时有效的应急措施是减轻损害、恢复正常运营的关键。因此，企业必须制定周密的应对策略，以确保能够迅速应对数据泄露事件。

制订一个全面的数据泄露应急响应计划至关重要。这个计划应包括具体的步骤，从初步发现、确认事件、评估影响范围，到通知受影响者和监管机构。响应计划还应明确每个团队成员的角色和责任，确保在事件发生时，每个人都知道自己的任务。

一旦发现数据泄露，应立即行动，首先是隔离和控制受影响系统，防止进一步的数据丢失。这包括断开网络连接、关闭受影响的服务器或服务，以及增强对其他关键资产的监控。紧接着，企业需要进行全面的技术调查，确定数据泄露的原因和泄露的具体数据。这一步骤通常需要 IT 和安全团队紧密合作，使用先进的取证工具来追踪攻击者的行为和入侵路径。这一信息对于修补漏洞、防止未来的侵害至关重要。

根据不同国家和地区的法规，企业可能需要在特定时间内通知受影响的个人和相关监管机构。透明和及时的沟通可以帮助缓解受影响者的担忧，同时也是重建企业声誉的第一步。公关管理同样重要，特别是在信息时代，消息传播速度极快。企业应准备好与媒体和公众的沟通策略，明确说明企业正在采取的措施来解决问题，并强调对客户隐私和数据安全的承诺。良好的沟通策略可以在危急时刻保护企业品牌，防止信任度进一步下降。

在事件得到控制后，企业还需要对事件进行彻底的回顾，分析数据泄露的原因，评估响应流程的有效性，并从中吸取教训。这包括更新安全政策和响应计划，加强员工的安全培训，以及加大技术投入，以防止类似事件再次发生。此外，企业也应考虑购买网络安全保险，以减轻因数据泄露造成的财务损失。保险可以覆盖由数据泄露引起的法律费用、赔偿成本和其他相关开支。

数据泄露的应急措施需要企业在策略和技术上做好充分准备，要建立有效的预防和响应机制，减少数据泄露带来的负面影响。这不仅涉及技术和管理层面的改进，也需要文化和行为上的长期承诺，以建立一个安全意识高的组织环境。

四、修复数据泄露的长期战略

数据泄露的影响可能是深远和持久的，因此修复数据泄露不只是解决短期的安全漏洞，更涉及制定和执行一系列长期战略，以重新建立企业的信誉、增强安全体系，并防止未来的泄露事件。成功的长期修复战略应综合考虑技术、法律、操作和文化等多个方面。

第一，从技术角度出发，企业需要彻底审查和升级其 IT 和网络安全架构。这通常包括更新防火墙、入侵检测系统、恶意软件防护和数据加密技术。此外，实施终端设备管理和多因素认证可以进一步增强安全性。企业还应定期进行安全漏洞扫描和渗透测试，以发现和修补潜在的安全弱点。然而，技术升级只是修复工作的一部分。

第二，企业还需要确保符合所有相关的数据保护法律和规章。这意味着要持续监测法律变化，确保所有的数据处理活动都符合最新的法律要求。合规性的维护不仅可以减少法律风险，还可以向客户和合作伙伴证明企业对数据保护的承诺。

第三，在操作层面上，改进数据管理策略是关键。这包括实行数据最小化原则，只收集业务运营确实需要的数据，并严格控制数据的存储和访问。此外，建立或优化数据分类系统，对不同敏感级别的数据实施不同级别的保护，可以有效降低数据泄露的风险。

第四，企业文化的塑造也是修复数据泄露不可忽视的一环。企业需要建立一种安全优先的文化，所有员工都应接受定期的数据保护和网络安全培训。强化员工对于遵守内部安全政策的意识，以及对于识别和报告潜在安全威胁的能力，是减少人为错误和内部威胁的关键。

第五，长期的客户沟通和公关策略同样重要。企业应及时地通报其改进措施和成果，重新赢得公众的信任。这包括通过社交媒体、新闻报道和客户会议等多种渠道，定期更新企业安全提升的进展。

第六，考虑到数据泄露的潜在财务影响，企业应评估是否需要购买针对网络安全事件的保险，以减少未来潜在的经济损失。同时，应建立强大的应急响应计划和恢复策略，确保在未来的安全事件中能快速有效地响应。

通过实施这些长期战略，企业不仅可以修复由数据泄露带来的损害，还可以在未来的数字化竞争中保持韧性和竞争力。这要求企业领导层重视数据保护，并投入必要的资源以确保所有策略的有效实施。

第八章　云安全与移动安全

第一节　云计算安全架构与策略

在数字化时代，云计算已经成为企业存储和处理数据的主要方式之一。云安全挑战越来越显著，需要企业采取一系列复杂的技术和策略来确保数据安全和应用的可靠性。理解和实施有效的云计算安全架构及策略是保护企业资产的关键。

云计算安全架构需要从多个层面进行构建。首先是实施数据加密。这包括对存储在云中的数据进行加密处理，无论是静态数据还是传输中的数据。使用强大的加密标准，如 AES-256，确保即使数据被盗，也无法被未授权者解读。加密策略应涵盖数据的每一个处理阶段，同时密钥管理也应得到严格控制，以防密钥泄露。

身份和访问管理（IAM）是云计算安全的一个核心组成部分。有效的 IAM 系统能够确保只有授权用户才能访问特定的云资源。这通常包括实施多因素认证，通过多重验证机制来增强安全性。此外，应用最小权限原则限制用户的访问权限，仅提供其完成工作所必需的资源访问权限，可以大幅减少安全风险。

网络安全同样是云计算安全不可忽视的方面。可以通过部署虚拟私人网络、配置防火墙及使用入侵检测系统来保护云环境。网络分段和隔离可以有效地限制潜在攻击的影响范围，阻止攻击者在内部网络中自由移动。

除了上述技术措施，云计算安全策略还应包括持续的监控和即时响应机制。这意味着企业需要部署云安全信息与事件管理系统来监测、记录并分析安全警告。这样可以在发生安全事件时快速采取措施，减轻潜在的损失。

数据备份和灾难恢复计划也是云安全策略的重要组成部分。可以定期备份数据，确保在数据丢失或被破坏时能够快速恢复。云服务提供商通常提供灵活的备份解决方案，企业应充分利用这些工具来增强数据恢复能力。

最后，合规性也是企业在云安全策略中必须考虑的重要方面。根据业务所在地的法律法规，如 GDPR 或 HIPAA，企业需要确保其云服务的使用符合所有相关的数据保护和隐私法规。

构建一个全面的云计算安全架构和策略需要企业在技术、管理和法律合规等多个层面进行投入和创新。只有这样，企业才能在利用云计算带来的便利时，确保其数据和系统的安全不受威胁。

一、云服务模型与安全考虑

在数字化时代，云计算已经成为企业技术基础设施的重要组成部分。它提供了灵活性、可扩展性和成本效益，但同时也带来了一系列安全挑战。理解不同的云服务模型及其相关的安全考虑是确保企业数据安全的关键。云服务主要分为三种模型：基础设施即服务、平台即服务和软件即服务。每种模型可提供不同层级的资源和服务，相应地，它们在安全管理上的责任和要求也有所不同。

在基础设施即服务模型中，提供商负责物理服务器、网络设备和数据中心的安全，而客户需要管理操作系统、存储、已部署应用程序及数据的安全。这要求客户具备一定的技术能力来实施必要的安全措施，如防火墙配置、系统漏洞修补、加密技术和安全监控。

平台即服务提供了一个更高层次的集成环境，客户可以在这个平台上开发、运行和管理应用程序，而不需要关心底层硬件和操作系统的维护。在这个模型中，安全责任更多地由服务提供商承担，但客户仍需确保其应用程序的代码安全，防止如 SQL 注入等应用级攻击，并管理好应用数据的安全和隐私。

在软件即服务（SaaS）模型中，应用程序由服务提供商完全托管。用户通过互联网访问这些应用程序，通常只需通过 Web 浏览器即可。在 SaaS 模型中，绝大部分安全责任都由服务提供商承担，用户主要负责配置用户访问权限和处理企业数据。尽管如此，用户仍需警惕通过 SaaS 应用可能泄露的数据，尤其是在使用涉及敏感信息处理的应用程序时。

在这些云服务模型中，企业需要关注数据的加密。数据在传输过程中应始终加密，存储时也应加密，以防止数据在被未授权访问时被窃取。同时，身份和访问管理是确保云服务安全的关键方面。确保所有用户和设备都能够安全认证，并且只能访问其需要的资源，是防止数据泄露和滥用的有效策略。

此外，持续的安全监控和自动化的安全响应是保护云环境的重要手段。可以通过自动化工具监控云资源的配置变更和网络流量，及时发现潜在的安全威胁并自动触发响应，从而减少人为错误并加快事件响应。

企业还必须考虑合规性要求，确保其云服务的使用符合行业标准和法规要求。不同地区和行业的法规可能对数据保护、数据主权和数据隐私有不同的要求，遵守这些法规是避免法律风险的关键。

云计算带来了前所未有的便利，但同时也需要企业采取全面的安全措施来保护其资源和数据。通过深入了解云服务模型的特点及其安全要求，企业可以更好地规划和实施其云安全策略，确保在享受云计算带来的好处的同时，有效地管理和缓解相关的安全风险。

二、云安全控制与合规性

在全球化的商业环境中，云计算在提供便利的同时，也带来了复杂的安全和合规性挑战。云服务的分布式本质意味着数据可能跨越多个国家和地区，受到不同法律和法规的管辖。因此，确保云安全控制和满足合规要求是企业使用云服务时必须面对的问题。

云安全控制首先要从保护数据的完整性、可用性和保密性入手。实施有效的数据加密是基本策略，无论数据是静态的还是在传输中，都应该通过强加密技术来保护。此外，使用先进的身份和访问管理技术，确保只有授权用户才能访问敏感信息，是防止数据泄露的关键措施。云服务提供商通常会提供多层次的安全控制措施，包括物理安全、网络安全、应用安全和数据安全等方面的措施。企业在选择云服务提供商时，应详细了解其安全架构和控制措施，确保这些措施能满足自身的安全需求和合规要求。同时，企业也应在服务协议中明确规定安全责任分配和违约责任。

在合规性方面，随着数据保护法规的日益严格，企业需要确保其云服务的使用符合所有相关的法律和法规。这包括数据的地理位置、处理方式及用户的访问权限等方面，都需要严格遵守法规要求。为了管理合规风险，企业应实施合规性监控和审计机制。通过定期的合规性审查和安全审计，企业可以评估其云服务的安全性和合规性状况，及时发现和纠正潜在的问题。这种审计通常包括内部审计和由第三方进行的独立审计，以提供更全面的安全保障。

除了技术和法规合规，企业还应关注与供应链相关的风险。云服务的一个特点是资源的共享和外包，这可能涉及多个供应商和合作伙伴。因此，确保供应链中的每个环节都符合安全和合规标准，是减少整体风险的重要部分。这要求企业不仅要管理自己的合规性问题，也要评估和管理供应商的合规性状态。

此外，云服务的国际性质要求企业在使用云服务时，必须考虑跨国数据传输的法律约束。不同国家对数据跨境传输有不同的限制和要求，企业应确保数据传输和存储活动符合相关国家的法律规定。

云安全控制和合规性是企业在采用云计算服务时必须密切关注的关键领域。通过实施强有力的安全措施、定期的合规审查，以及与合规性相关的风险管理，企业可以在享受云计算带来的便利的同时，确保数据安全和满足法律法规要求。这不仅可以保护企业的商业利益，也可以维护其品牌声誉和客户信任。

三、云安全的最佳实践

在当今企业运营中，云计算扮演着重要的角色。随着较多数据和应用迁移到云平台，确保安全成为企业必须面对的首要任务。实施一系列云安全最佳实践是确保数据安全、保护隐私，并满足合规要求的有效方式。

第一，全面的数据加密是保护存储在云中的数据的基础。要应用强加密标准，这不仅限于敏感数据，任何形式的数据都应通过端到端加密来保护，以防止数据在传输过程中被拦截或在云存储中被非法访问。

第二，身份和访问管理对于维护云安全至关重要。要应用严格的访问控制策略。要使用多因素认证增强用户身份验证过程，提供额外的安全层。此外，要实施细粒度权限管理，遵循最小权限原则，使用户仅能访问其完成工作所必需的信息和资源。

第三，网络安全也是云安全的一个关键组成部分。可以通过配置虚拟私人网络、防火墙和其他网络隔离技术，防止未授权的访问尝试和限制潜在的内部威胁。此外，应使用入侵检测系统和入侵防御系统监控和防御恶意活动和攻击。

第四，定期的安全审计和合规检查对维持云环境的安全性至关重要。企业应定期评估其云基础设施的安全配置和政策，确保它们与最新的安全标准和合规要求保持一致。这包括检查访问权限、审查用户活动、验证数据保护策略的有效性，并确保所有安全措施都得到适当实施。

第五，数据备份和灾难恢复计划是云安全策略的重要组成部分。企业应确保所有关键数据都有定期的备份，以便在数据丢失或系统发生故障时能够迅速恢复。此外，灾难恢复计划应详细说明在各种潜在灾难情况下的操作步骤，确保业务连续性。

第六，企业还应提升员工的安全意识。定期对员工进行培训，教育他们识别钓鱼攻击和其他网络威胁，以及如何安全地使用云服务。增强员工的安全意识是防止安全事件发生的关键。

第七，与云服务提供商的合作也至关重要。应选择一个可靠的云服务提供商，确保其安全措施和合规性符合企业的要求。企业应与服务提供商保持紧密沟通，共同管理和评估云环境的安全风险。

通过这些应用实践，企业可以有效地保护其云环境免受多种威胁，确保数据安全和业务运营的稳定性。这需要企业对云安全采取主动和全面的管理态度，不断评估和优化其安全策略。在快速发展的云计算领域，只有不断适应，企业才能确保在享受云计算带来的便利的同时，最大限度地减少潜在的安全风险。

四、云安全的未来展望

随着云计算技术的日益成熟和广泛应用，未来云安全正变得更加重要和复杂。面对不断变化的网络威胁和日益严峻的数据保护要求，预测云安全的发展趋势对于制定有效的安全策略至关重要。未来的云安全将更加侧重于利用先进技术、强化合规性，以及发展智能化安全管理系统，以应对日益复杂的安全挑战。

首先，技术创新将继续推动云安全的发展。例如，人工智能和机器学习将在云安全领域发挥越来越重要的作用。这些技术可以帮助自动化威胁检测和响应过程，提高安全事件的响应速度和精确度。人工智能能够分析大量数据，识别出潜在的威胁模式和异常行为，从而提前防范可能的安全风险。此外，区块链技术因其提供的透明性和不可篡改性，也将被更广泛地应用于云数据的完整和审计过程中。

其次，随着全球对数据保护意识的增强，合规性将成为驱动云安全发展的另一关键因素。数据保护法规，如欧盟的《通用数据保护条例》和美国的《加州消费者隐私法案》，已经开始影响云服务的提供和使用。未来，随着更多国家和地区制定类似的数据保护法规，云服务提供商和使用者需要在保证跨国数据流动和存储的合法性的同时，确保所有操作都符合当地的法律要求。这可能会推动更多的区域性数据中心的建设，以及数据管理策略更加精细化。

此外，随着企业对云服务依赖程度的增加，混合云和多云环境的安全管理也将变得更加重要。企业将面临在保持业务灵活性的同时，确保数据和应用的安全。这需要云安全解决方案能够跨不同云平台和本地环境，提供一致的安全策略和操作界面。因此，统一的安全管理平台和策略将成为未来云安全发展的趋势之一。

最后，随着技术的发展，云安全本身也必须不断识别新的攻击方法。未来的云安全策略需要更加动态，能够快速应对新的威胁和挑战。此外，随着物联网设备和5G技术的普及，云安全需要扩展到更广泛的设备和网络，处理更多类型的安全威胁。

云安全的未来将是一个持续发展和适应的过程，需要行业持续投入研究和资源，以确保有效应对不断演变的网络安全威胁。通过采用先进的技术、强化合规性措施，以及发展智能化的安全管理系统，云安全可以更好地保护企业和个人的重要数据不受威胁。

第二节　移动设备面临的安全挑战

随着移动设备在日常生活和工作中的普及，它们已成为存储和处理敏感信息的主要工具。然而，这些设备的普及也带来了一系列安全挑战，特别是在移动设备数量迅速增加的今天，它们成了网络攻击者的主要目标之一。解决这些挑战对于维护信息安全至关重要。

移动设备面临的安全挑战首先来自设备本身的多样性和操作系统的碎片化。市场上存在众多品牌和型号的移动设备，运行着不同版本的操作系统，如Android，iOS 等。不同设备和操作系统的安全性能差异较大，更新和维护方法也不尽相同，这为统一的安全策略的制定和实施带来了困难。

应用程序方面存在安全挑战。移动应用商店中的应用数量庞大，但并非所有应用都经过严格的安全测试。恶意软件和间谍软件经常通过看似正常的应用渗透进用户的设备，窃取信息或进行其他恶意活动。此外，许多合法应用在提供服务的同时，也可能过度收集用户数据，引发隐私泄露的问题。

用户行为也极大地影响移动设备的安全。许多用户缺乏基本的安全意识，可能会下载未知来源的应用、点击不安全的链接或使用弱密码。此外，用户对设备权限的管理往往不够谨慎，容易授权过多的权限给不必要的应用，从而加大数据泄露的风险。

面对这些挑战，需要从多个方面入手加强移动设备的安全保护。第一，企业和个人都应当定期更新操作系统和应用程序，以确保所有安全漏洞得到及时修补。第二，应用强有力的身份验证和访问控制机制，如多因素认证，可以有效提高设备的安全性。第三，使用虚拟私人网络可以保护数据传输的安全。第四，教育用户，提高其安全意识同样重要。这包括教育用户识别可疑的链接和邮件、管理应用权限及正确使用密码管理工具。第五，企业应该制定明确的移动设备管理政策，通过移动设备管理解决方案来集中管理和监控所有移动设备的安全状态。

一、移动设备面对的安全威胁的类型

在当今社会，移动设备如智能手机和平板电脑已经成为人们日常生活和工作的重要工具。随着这些设备的普及，它们也成了网络攻击者的目标。移动安全威胁的类型多样，涵盖从恶意软件攻击到复杂的网络钓鱼和身份盗窃等多个方面。

第一，恶意软件是移动设备最常见的威胁之一。这些恶意软件包括病毒、木马、间谍软件及广告软件等，它们可以通过应用下载、短信链接或电子邮件附件进入移动设备。一旦设备被感染，这些恶意软件可能会窃取用户的个人信息，如登录凭证、信用卡信息和联系人列表，或者在后台运行，消耗设备资源，甚至对设备进行远程控制。

第二，网络钓鱼攻击也是常见的移动安全威胁。攻击者通常通过发送看似合法的电子邮件、短信或即时消息诱导用户点击链接或下载附件。这些链接和附件常常包含恶意软件或者把用户引导至假冒的网站，进而窃取用户的敏感信息。由于移动设备屏幕较小，用户可能更难识别这些欺诈性的内容，从而增加了受骗的风险。

第三，应用安全是另一个重要的问题。许多应用在未经充分安全审查的情况下被用户下载和安装，这为恶意软件的植入提供了机会。此外，一些合法应用由于编程疏忽可能存在安全漏洞，攻击者可以利用这些漏洞获取更高的系统权限或窃取数据。

第四，身份盗窃在移动设备中是一个日益严重的问题。通过各种手段获取用户的个人信息后，攻击者可以冒充这些用户进行诈骗或其他非法活动。这类攻击不仅会给受害者带来经济损失，还可能对其社会信誉造成长期的负面影响。

第五，公共 Wi-Fi 网络的安全性也是移动安全中的一个问题。许多用户为了方便会连接到公共 Wi-Fi 网络，但这些网络往往不安全，容易被黑客利用来拦截数据传输。攻击者可以通过这些网络获取传输中的信息，如密码和信用卡号等敏感数据。

第六，物理盗窃也是移动设备面临的安全威胁之一。移动设备因体积小、便于携带而容易丢失。一旦设备被盗，未经保护的数据便可能被非法访问和滥用。

针对这些威胁，用户和企业需要采取多种措施来保护移动设备和数据的安全。例如，安装和更新反恶意软件，使用复杂的密码和多因素认证，定期更新操作系统和应用程序，以及避免在公共 Wi-Fi 网络下进行敏感操作。利用这些措施，可以有效地减少移动安全威胁对个人和企业造成的潜在损害。

二、移动应用的安全框架

随着移动应用成为现代社会通信、工作和娱乐的重要平台，确保这些应用的安全已经成为开发者和企业的首要任务。一个全面的移动应用安全框架应当涉及从应用设计、开发、部署到维护的各个阶段，以确保整个应用生命周期中的安全。

安全的移动应用开发应从设计阶段开始。这意味着安全需要被集成到应用的架构设计中。使用威胁建模方法可以帮助开发团队在设计阶段识别潜在的安全漏洞，并规划如何防御这些威胁。例如，开发者应确定应用需要哪些最小权限，避免请求不必要的权限，以减少潜在的风险。

在开发阶段，应用安全代码实践至关重要。开发者应使用安全的编码技巧来避免常见的安全漏洞，如 SQL 注入、跨站脚本和跨站请求伪造等。此外，使用代码审查工具和自动化的安全扫描工具可以帮助识别和修正代码中的安全问题。

数据保护是移动应用安全框架的核心部分。对于存储在设备上或通过网络传输的所有敏感数据，必须进行加密处理。使用强加密算法和安全的密钥管理策略是保护数据不被未授权访问的基本要求。此外，开发者还应实现数据缓存的安全机制，确保应用在设备上的缓存数据也得到妥善保护。

身份验证和授权机制是一个关键组成部分。移动应用应实现强大的身份验证系统，以确保只有授权用户才能访问应用。这包括多因素认证、生物识别技术和基于角色的访问控制等。这些措施能够增加未授权访问的难度，保护用户数据和应用功能不被滥用。

为了提高移动应用的安全性，还需要实施持续的安全监控和响应机制。这包括对应用的使用和系统活动进行实时监控，以便及时发现和响应安全事件。使用移动设备管理或移动应用管理（Mobile Application Management，MAM）解决方案可以帮助企业监控和管理企业环境中的移动设备和应用。

移动应用的安全不是一次性的任务，而是一个持续的过程。随着新的安全威胁不断出现，应用的安全措施也需要不断更新和调整。这要求开发者和企业定期更新应用，修补已知的安全漏洞，并对安全策略进行定期的审查和改进。

建立一个全面的移动应用安全框架需要在应用的整个生命周期中实施多层次的安全措施。从设计到开发，从部署到维护，每一个环节都需要注意安全细节，确保应用和用户数据的安全性。利用这种全面的方法，可以有效地减少移动应用面临的安全威胁，保护用户和企业的利益。

三、注意移动设备的数据保护

在当今的数字时代，移动设备已经成为个人和企业日常活动中不可或缺的一部分。随着这些设备对于敏感信息的存储和处理能力不断增强，如何保护这些数据成了一个重要的问题。移动设备的数据保护不仅关系到个人隐私，也涉及企业的商业机密和合规要求。

保护移动设备上的数据首先需要从物理安全做起。移动设备更容易丢失或被盗。为此，设备应配置自动锁定功能，确保在短时间无操作后自动锁屏，防止未经授权的访问。此外，应使用设备加密功能，即使设备落入他人手中，数据也能因加密而无法被读取。许多现代移动设备都提供了全盘加密的选项，这对保护存储在设备上的数据至关重要。

在软件层面，应确保操作系统和所有应用程序都是最新的，防止恶意软件感染和利用已知漏洞。定期更新可以修补安全漏洞，增强设备的防护能力。同时，应安装可靠的安全软件，提供实时的防病毒、反间谍软件保护，以及针对网络攻击的防护。

数据的安全传输也是移动设备数据保护的关键部分。使用虚拟私人网络可以在使用公共 Wi-Fi 时创建安全的数据传输通道，防止数据在传输过程中被拦截。此外，对于企业用户，采用端到端的加密通信协议，确保数据在传送过程中的安全，对保护商业通信非常重要。

应用程序的权限管理是移动数据保护策略中常被忽视的一环。许多应用程序在安装时要求访问通信录、位置、相机等敏感权限，用户应谨慎授权，避免敏感信息被不必要的访问和传输。操作系统如 iOS 和 Android 都提供了详细的权限设置，用户应定期审查并调整应用权限，确保它们不超出其功能所需的范围。

对于企业而言，实施移动设备管理（MDM）或移动应用管理（MAM）策略是保护数据的重要手段。这些管理工具可以帮助企业监控和管理员工使用的设备，确保设备符合公司的安全政策，如强制加密、禁用未授权的应用安装等。同时，MDM 或 MAM 可以远程擦除丢失或被盗设备上的数据，防止信息泄露。

此外，对于处理特别敏感数据的移动设备，采用双重认证或多因素认证机制可以提供额外的安全保障。这些认证方法结合密码、生物识别技术及可能的硬件令牌，大大增强了访问控制的安全性。

移动设备的数据保护是一个多层面的挑战，涉及物理安全、软件保护、数据传输安全、应用管理及终端用户的行为。综合运用这些措施，可以有效地减小数据泄露的风险，保护用户和企业免受潜在的威胁。在不断变化的技术环境中，保持警惕并不断更新安全策略，对于确保移动数据安全至关重要。

四、管理移动设备的策略

在当今企业环境中，移动设备已成为日常商业活动的重要组成部分，可以使员工随时随地访问企业资源。然而，随着移动设备的普及和多样化，有效地管理这些设备以确保企业数据安全和合规性也变得越发重要。有效的移动设备管理策略不仅可以优化工作效率，还能显著降低潜在的安全风险。

制定全面的移动设备管理政策是基础。这一政策应明确哪些类型的设备被允许接入企业网络，员工在使用企业或个人设备（自带设备）进行工作时应遵守哪些安全规范。此政策还应包括设备的注册程序、安全配置要求、允许安装的应用类型以及数据存储和传输的安全控制措施。

实施移动设备管理解决方案是执行这些政策的关键工具。移动设备管理解决方案能够远程监控和管理企业中的所有移动设备，包括智能手机、平板电脑和其他便携设备。这些工具可以帮助 IT 管理员远程配置设备，应用安全策略，强制执行加密措施，管理应用程序安装，甚至在设备丢失或被盗时远程锁定设备或清除设备中的数据。

数据安全是移动设备管理策略中的一个关键方面。企业应确保所有通过移动设备传输的数据都经过加密，无论是存储在设备上的数据还是通过网络传输的数据。此外，应限制设备访问敏感数据的权限，仅在必要时允许访问，并确保这些权限能够在设备报废或转移时及时撤销。

员工应接受安全使用移动设备的定期培训，包括识别和防范钓鱼攻击、安全连接到公共 Wi-Fi 网络以及安全管理个人和企业数据的最佳实践。此外，应鼓励员工定期更新设备操作系统和应用程序，以保护设备免受已知漏洞的攻击。

监测和定期审查移动设备的使用情况和安全状况对于发现潜在的安全问题至关重要。企业应定期进行安全审计，检查移动设备管理策略的有效性。这些审计可以帮助企业及时调整策略，以应对新的安全威胁和不断变化的业务需求。

随着移动设备在企业中的角色日益重要，开发和实施有效的移动设备管理策略变得尤为关键。通过全面的策略规划、技术工具的应用、员工教育及持续的监测和审计，企业能够确保其移动设备的安全性，同时提高业务灵活性和员工的生产效率。

第三节　应用程序安全实践

在数字时代，应用程序安全已成为网络和信息安全领域的重要组成部分。随着技术的迅速发展和企业对云服务、移动设备的依赖不断加深，应用程序变得无处不在，也成为攻击者的主要目标。因此，实施有效的应用程序安全实践不仅是保护企业资产的必要手段，也是维护用户信任和企业声誉的关键。

应用程序的安全生命周期管理应从设计阶段开始。这意味着安全需求需要在应用开发的早期就被明确并整合到开发流程中。进行威胁建模和风险评估可以帮助开发团队识别潜在的安全威胁，并规划相应的防护措施。这种前瞻性的安全策略有助于降低后期修改的成本和复杂性，提高应用的整体安全性。

在开发阶段，遵循安全编码标准和最佳实践是至关重要的。开发人员应接受培训，以编写安全的代码，并使用自动化工具来检测常见的安全漏洞。使用这些工具可以在代码提交前自动识别和修复安全缺陷，从而降低应用遭受攻击的风险。

对于数据保护来说，确保数据在存储和传输过程中的安全是不可忽视的一环。应用程序应实施强力的加密措施，保护敏感数据不被未授权访问。此外，应实施适当的数据访问控制，确保只有授权用户才能访问敏感信息。

强化用户身份验证过程，如通过实施多因素认证，大幅提升安全性。同时，确保应用程序中实施细粒度的权限控制，以便对用户的操作进行严格限制，仅允许他们访问执行职责所必需的数据和功能。

应用程序也需要进行定期的安全测试和审计，以发现和修复安全漏洞。这包括渗透测试、动态和静态代码分析及依赖性检查等。可以通过这些测试，评估应用程序的安全性，并对发现的问题进行及时的修复。

随着应用程序的发布和部署，监控和响应机制的建立也是不可或缺的。持续监控应用程序的运行状态，可以及时发现和应对安全威胁。此外，制订应急响应计划，并定期进行演练，可以确保在发生安全事件时，迅速有效地采取行动，最小化损失。

随着应用程序在企业和个人日常活动中的角色日益重要，实施全面的应用程序安全实践成为保护网络与信息安全的核心任务。通过整合安全措施至应用程序的整个生命周期，不断更新和改进安全策略，可以有效地防御外部威胁，保护用户数据，维护企业的信誉和竞争力。

一、安全编码标准

在数字时代，随着软件开发的快速进步和技术的普及，安全编码标准成为确保网络与信息安全的关键组成部分。软件的安全性直接影响信息系统的强度和抵御网络攻击的能力。因此，开发团队必须遵循一系列的安全编码标准来防止潜在的安全漏洞和威胁。

安全编码标准的首要目标是在软件开发过程中最小化安全风险。这要求开发人员在编写代码时积极采取预防措施，包括识别和处理可能会导致数据泄露、未授权访问或系统破坏的风险。通过执行这些标准，可以有效防止诸如跨站脚本、跨站请求伪造及其他常见的安全威胁。

安全编码的核心之一是输入验证和数据清洗。开发人员必须确保所有外部输入都经过严格的验证，以防止恶意数据影响程序的执行。这包括对所有用户输入、从外部系统接收的数据及通过网络传输的信息进行适当的检查和过滤。例如，对于从网页表单接收的任何输入，都应实施服务器端验证来防止注入攻击或其他表单欺诈行为。

另一个重要的安全编码实践是实现安全的认证和会话管理。系统必须确保只有授权用户才能访问敏感资源，并且用户的会话在整个交互过程中保持安全。这涉及使用强密码政策、多因素认证、会话超时和适当的加密措施来保护用户数据和会话信息。

错误处理也是安全编码中必须严格管理的一个方面。不当的错误处理可能会暴露系统信息，为攻击者提供攻击线索。因此，安全的做法是确保错误消息不会向用户透露敏感信息，同时还要记录足够的错误信息供系统管理员分析和解决问题。这包括运用统一的错误处理机制，避免在用户界面中显示技术错误细节。

代码的安全审查和自动化测试是提高应用安全的有效手段。通过定期进行代码审查，团队可以发现并修复安全漏洞。同时，利用自动化测试工具进行安全测试，如静态应用安全测试和动态应用安全测试，可以系统地检测和解决安全问题。

安全编码标准的维护和更新同样重要。随着新的安全威胁和漏洞的不断出现，更新安全编码标准以使其包含最新的防护措施是必要的。组织应该定期评估和更新其安全政策和编码实践，确保它们能够有效地对抗当前的安全威胁。

安全编码标准是数字时代网络和信息安全不可或缺的一部分。通过实施严格的安全编码实践，开发团队不仅能够提高软件的安全性，还能够增强对抗网络威胁的能力，从而保护企业和用户的数据免受侵害。

二、应用程序的安全审计

应用程序的安全审计是一个关键的过程，用于确保软件应用在设计、开发和部署过程中遵循了必要的安全措施和最佳实践。此过程不仅有助于识别潜在的安全漏洞和风险，还可以提供改进措施，以增强应用的整体安全性。随着技术的发展和网络威胁的增加，定期进行应用程序的安全审计已成为维护数据安全和防止安全漏洞的重要手段。

应用程序的安全审计通常包括多个关键步骤。首先，需要定义审计的范围和目标，明确哪些组件或方面将被审查，以及审计的主要目的。例如，审计可能专注于应用的认证机制、数据处理流程或与第三方服务的接口等。

在准备阶段，审计团队将收集有关应用架构、设计文档、代码库和使用的第三方库或服务的详细信息。这些信息将帮助审计人员理解应用的结构和逻辑，以及潜在的安全风险区域。

接下来，安全审计团队将执行静态和动态分析。静态应用程序安全测试通过分析应用的源代码来识别安全缺陷，不需要运行程序。这种方法可以在开发早期发现漏洞，但可能会产生较多的误报。动态应用程序安全测试则是在应用运行时测试其行为，检查如何处理数据和响应各种请求，这有助于发现在实际运行中可能出现的安全问题。

此外，针对已知漏洞的检查是安全审计的重要部分。这涉及检查应用使用的所有第三方组件和库，确保它们均为最新版本，且未使用已知存在安全漏洞的版本。许多安全事件源于过时或配置不当的第三方组件。

审计过程还应包括配置审查，确保应用和其运行环境的配置符合安全最佳实践。错误的配置，如不当的权限设置或开放的调试接口，常常成为安全漏洞的来源。

除了技术审查，安全审计还应评估应用的合规性。这意味着要确保应用符合相关的行业标准和法规要求，如支付卡行业数据安全标准或《通用数据保护条例》等。合规性评估有助于避免法律和监管风险，保护用户的数据和隐私安全。

审计的最后阶段是报告编制。安全审计报告应详细记录发现的所有安全问题和漏洞，评估其风险级别，并提供针对每个问题的具体修复建议。此外，报告还应概述审计过程中使用的方法和工具，以及未覆盖的区域。

通过应用程序的安全审计，组织可以获得宝贵的洞察力，以识别和缓解潜在的安全威胁。这不仅能增强应用的安全性，还有助于维持用户的信任，保护企业品牌的声誉。定期进行安全审计是现代企业保持竞争力和遵守监管要求的重要策略。

三、保护用户数据的技术

在数字时代，用户数据的保护已成为企业面临的一项重大挑战。随着数据泄露事件的频繁发生和隐私保护法规的加强，采用有效的技术来保护用户数据变得尤为重要。这些技术不仅能防止数据被未授权访问，还能确保数据在存储、处理和传输过程中的安全性。

第一，数据加密是保护用户数据不被未授权访问的基本技术之一。加密可以在数据存储和传输过程中应用，以保证即便数据被截获，也无法被未授权者读取。对于存储在服务器上的数据，应使用强加密算法如高级加密标准进行加密。对于数据传输，应用传输层安全协议保护所有传入和传出的数据流，防止数据在传输过程中被窃取或篡改。

第二，访问控制和身份验证机制是确保数据安全的关键技术。这包括实施强大的用户认证系统，确保只有经过授权的用户才能访问敏感数据。多因素认证，结合密码、生物识别和手机令牌等多重验证手段，可大幅增强认证的安全性。此外，实施基于角色的访问控制可以确保用户只能访问其执行职责所需的最少数据，进一步减小数据泄露的风险。

第三，数据的匿名化和去标识化也是保护用户数据的有效技术。通过这些技术，即使数据被泄露，也难以将其与特定的个人关联起来。匿名化处理涉及去除个人可识别信息（Personally Identifiable Information，PII），如姓名、地址和电话号码，而去标识化则涉及更改数据的方式，使个人信息无法被重新识别。

第四，网络安全技术如防火墙、入侵检测系统和入侵防御系统对于防止未授权访问和检测潜在的威胁同样重要。防火墙可以阻止未授权的访问尝试，而入侵检测系统和入侵防御系统能够监控网络活动，实时检测和响应可疑行为和已知的攻击模式。

第五，隐私增强技术如同态加密和差分隐私，提供了更高级别的数据保护。同态加密允许在加密数据上进行操作，而不需要解密，这对于在保持数据隐私的同时进行数据分析非常有用。差分隐私技术会在发布的数据中添加随机性，保护个人的隐私，同时允许对大数据集进行分析，而不会泄露个体的具体信息。

通过实施这些先进的技术，企业可以有效地保护用户数据免受各种网络威胁，同时满足日益严格的数据保护法规要求，建立和维护用户的信任。在数字化快速发展的今天，对用户数据的保护不仅是法律和道德的要求，也是企业竞争力的一部分。

四、实时监控与响应系统

在数字时代，随着网络攻击的日益复杂和频繁，企业必须实施实时监控与响应系统来保护其网络和信息安全。这种系统不仅能够持续监测网络和系统的活动，以识别潜在的安全威胁和异常行为，还能在发现问题时迅速做出反应，从而使潜在的损害最小化。

实时监控系统的核心在于其能力，它可以连续收集和分析大量数据，包括网络流量、用户活动、应用程序性能和安全日志等。这些数据通过使用复杂的分析工具和算法进行处理，以识别可能的安全事件或违规行为。例如，如果系统检测到与常规模式不符的网络流量或未经授权的访问尝试，它可以立即发出警报，提示安全团队进行进一步调查。

此外，实时监控系统通常配备了高级的行为分析功能，这使它能够学习和适应网络环境中的正常行为模式。通过持续学习，这种系统能够更准确地区分正常活动和潜在的安全威胁，从而减少误报并提高响应效率。例如，通过分析员工的正常登录模式，系统可以检测到异常的登录尝试，如在非工作时间或从不寻常地理位置的登录，可能表明了一个安全漏洞或入侵尝试。

响应机制是实时监控系统的一个关键组成部分。一旦检测到潜在的安全事件，自动化的响应措施可以迅速被触发，以隔离受影响的系统、阻断恶意流量或执行其他预先定义的修复步骤。这种自动化响应可减轻安全团队的负担，确保在人工响应之前采取初步防护措施。

在实行实时监控与响应系统时，保持系统的更新和维护至关重要。随着新的威胁不断出现，监控策略和工具也需要相应更新，以识别和防御最新的攻击手段。此外，定期的系统测试和演练可以确保在真正的安全事件发生时，监控和响应措施能够有效执行。

除了技术层面的措施，培训员工同样重要。员工的行为可能直接影响网络安全。因此，确保每个员工都了解可能的安全威胁和如何防范，是提高整体安全性的关键步骤。

实时监控与响应系统是当今企业维护网络和信息安全的必备工具。通过实时监控网络和系统活动、使用先进的分析技术识别威胁及实施自动化响应措施，企业可以有效地保护自身免受日益复杂的网络攻击。

第九章　未来网络安全趋势

第一节　人工智能在网络安全中的应用

在网络安全领域，人工智能（AI）正迅速成为一种重要的技术，其应用范围不断扩展，如威胁检测和响应、安全运营自动化。随着网络攻击越来越复杂精细，传统的安全措施已经难以应对。AI 的引入，带来了更有效的解决方法，特别是在处理大量数据和执行实时分析方面表现出巨大的潜力。

AI 在网络安全中的主要应用之一是通过机器学习增强威胁检测和响应能力。机器学习算法可以从历史数据中学习，识别出攻击行为的模式，即使是非常微妙和复杂的行为也不例外。这种能力使得 AI 不仅可以检测到已知的威胁，还可以识别出零日攻击和其他先前未知的威胁。例如，通过分析网络流量中的异常行为，AI 可以提前警告潜在的入侵，即使这种行为以前从未被记录过。

AI 还可以在安全事件管理中发挥关键作用。在传统模式下，安全团队需要手动分析和响应成千上万的警报，这不仅耗时而且容易出错。AI 可以将这一过程自动化，通过智能分析来确定哪些警报是真正需要关注的，哪些可以忽略。这不仅能提高响应速度，还可以让安全团队将精力集中在更复杂和更严重的威胁上。此外，AI 的自学能力意味着它可以随着时间的推移不断优化其检测和响应策略。通过持续学习新的数据和结果，AI 模型可以不断调整和改进，以适应新的威胁环境。这种适应性是传统方法难以比拟的，特别是在网络攻击手法不断进化的情况下。

AI 在网络安全中的应用也带来了一些挑战。一是如何确保 AI 系统本身的安全。如果攻击者能够操纵 AI 系统的数据输入，他们可能能够欺骗系统，使其忽略实际的威胁或错误地标记正常活动为恶意的。因此，保护 AI 系统的完整性和数据来源的安全，是实施 AI 解决方案时必须考虑的问题。二是隐私保护。AI 系统通常需要访问大量数据才能有效运行，这可能包括敏感的个人信息。因此，如何在增强安全能力的同时保护用户隐私，是实施 AI 时必须解决的问题。这要求设计具有隐私保护功能的 AI 系统，并确保所有操作都符合相关的数据保护法规。

AI 正在逐渐成为网络安全领域的一支强大力量，其在威胁检测、事件响应和安全运营自动化等方面的应用展现了巨大的潜力。随着 AI 技术的不断发展和完善，它将在未来的网络安全领域发挥更重要的作用。

一、人工智能增强威胁检测能力

在网络安全领域，人工智能（AI）技术已经成为增强威胁检测能力的关键工具。通过利用机器学习和深度学习算法，AI 能够自动识别和分析复杂的数据模式，从而实现对潜在威胁的快速有效检测。AI 增强的威胁检测不仅能提高检测速度和准确性，还能识别出传统方法难以发现的复杂攻击，为网络安全防护提供强大的支持。

AI 在威胁检测中的应用主要基于其能够处理和分析大规模数据集的能力。在日益增长的网络流量中，AI 能够有效地筛选和分析数据，识别出异常行为和潜在的安全威胁。这一过程通常涉及构建正常行为的模型，并持续监测与这些模型的偏差，从而检测出异常行为可能带来的安全事件。

机器学习模型，特别是监督学习和无监督学习，在威胁检测中扮演着重要角色。监督学习模型通过分析带标签的数据集（即已知是正常或恶意的数据）来学习如何识别威胁。这种方法在检测已知类型的攻击中非常有效。相反，无监督学习可以在没有先验标签的情况下分析数据，通过识别数据中的异常模式来揭示未知威胁，这对于发现新型或变种攻击特别有价值。

深度学习，作为机器学习的一个分支，已经在图像和语音识别等领域取得了显著成就，同样也被应用于威胁检测。深度学习模型，特别是卷积神经网络和递归神经网络，能够处理非结构化数据，如网络流量数据或系统日志，识别出潜藏其中的复杂和微妙的攻击模式。

除了增强威胁检测的能力，AI 还可以自动化响应过程。在检测到潜在威胁后，AI 系统可以自动执行一系列响应措施，如隔离受影响的系统、阻断可疑的网络连接或通知安全团队进行进一步的处理。这种自动化的响应可以大大缩短从检测到响应的时间，减轻攻击造成的损害。

然而，尽管 AI 有许多优势，它在威胁检测中的应用也面临着挑战。其中之一是误报和漏报的问题。AI 模型可能因为训练数据不足或模型过于简化而产生错误的警报。因此，持续的模型训练和调整是必要的，以确保检测系统的准确性和可靠性。

AI 增强的威胁检测正变得日益重要，它通过自动化和智能化的方法改进了传统的安全监控系统。随着技术的不断进步，AI 将在网络安全领域扮演越来越关键的角色，帮助企业和组织更有效地对抗日益复杂的网络威胁。

二、机器学习与异常行为分析

机器学习在网络安全领域的应用正迅速成为改变游戏规则的力量，尤其是在异常行为分析方面。通过机器学习技术，安全系统能够自动从大量的网络数据中学习和识别正常与异常行为模式，从而有效地预测和防止潜在的安全威胁。这种技术的引入，为传统的基于规则的监控系统带来了显著的提升，使之能够更精准地捕捉到复杂的攻击行为，包括内部威胁和先前未知的攻击。

机器学习模型，尤其是无监督学习，是进行异常行为分析的核心。这类模型不依赖预先定义的标签就能从数据中识别模式，它们非常适合处理那些没有明确标注正常或异常的大规模数据集。无监督学习算法如聚类和异常检测算法可以自动发现数据中的规律和关联，识别出与大多数数据不符的异常行为，这些通常指示着潜在的安全问题。例如，使用聚类算法，系统可以将用户行为分组为"正常"或"异常"，并持续监控新的行为数据是否符合已建立的正常行为模型。当一个行为明显偏离常规模式时，系统会生成警报。这种方法对于检测如数据泄露、账户劫持及内部滥用等行为特别有效，因为这些攻击通常会表现出与正常用户行为显著不同的特点。

深度学习，特别是神经网络，也在异常行为分析中扮演着越来越重要的角色。深度学习网络通过模拟人脑的处理方式，能够识别和处理复杂的、非线性的数据关系。在网络安全中，深度学习能够帮助识别那些通过传统机器学习模型难以检测的复杂模式。例如，递归神经网络特别适合处理时间序列数据，能够有效地用于检测那些在较长时间跨度内逐渐展开的攻击行为，如慢速扫描或逐步数据渗透。

尽管机器学习提供了强大的工具来增强异常行为分析的能力，但在实际应用中也面临着一些挑战。第一，模型的效果很大程度上依赖于输入数据的质量和完整性。数据的噪声、不完整或偏见都可能导致分析结果不准确。第二，机器学习模型有时会产生误报，即错误地将正常行为标记为异常，这可能导致资源的浪费和对正常操作的干扰。第三，与所有基于数据的技术一样，机器学习在网络安全中的应用也必须考虑隐私和合规性问题。特别是在处理个人敏感数据时，必须确保符合数据保护法规。

机器学习已经成为网络安全领域中不可或缺的一部分，特别是在异常行为分析上发挥着重要作用。通过这些高级技术，安全团队能够更有效地监控和响应网络安全威胁，提前防范可能的安全事件，保护组织免受攻击。随着技术的进步和数据科学的发展，机器学习将在未来的网络安全战略中扮演更加重要的角色。

三、在网络安全中人工智能带来的道德问题与风险

人工智能（AI）在网络安全领域的应用带来了显著的效益，如提高了威胁检测的准确性、加快了响应时间并减少了人力成本。然而，随着 AI 技术的广泛应用，其在网络安全中的道德问题和潜在风险也逐渐显现。这些问题和风险不仅涉及技术实现的复杂性，还包括对个人隐私的潜在威胁、误用风险及决策过程的透明度。

第一，隐私保护是 AI 在网络安全应用中的一个主要道德考虑。AI 系统通常需要处理大量数据，包括敏感的个人信息，以训练模型和识别威胁。如何在增强安全防护的同时保护用户的隐私成为一个重大挑战。数据匿名化和最小化处理是解决这一问题的常用方法，但这些措施需要精心设计，确保既不损害 AI 系统的效能，也不侵犯用户的隐私权。

第二，AI 系统的决策过程通常缺乏透明度，这在网络安全领域是个大问题。安全决策的不透明可能导致错误的威胁识别（即误报和漏报），并使用户难以理解这些决策。例如，如果 AI 系统错误地将合法活动识别为恶意行为，不仅会对正常业务造成干扰，还可能引起法律和信誉风险。因此，开发可解释的 AI 模型，并确保决策过程可审计和透明，是维护信任和合规性的关键。

第三，AI 系统本身的安全性也是一个重要问题。随着 AI 在网络安全中的应用越来越多，攻击者也可能针对 AI 系统本身发起攻击。例如，通过数据污染或模型逆向工程来欺骗 AI 系统，使其误判威胁或遗漏重要警报。这种"对抗性攻击"不仅能够绕过安全防护，还可能利用 AI 系统的反应机制造成更大的破坏。因此，增强 AI 系统的抗攻击能力，成为保证网络安全的一个重要方面。

第四，AI 在网络安全中的应用还会引发道德责任问题，尤其是当 AI 系统的决策直接影响网络安全事件的处理时。确定在 AI 引发的安全事件中谁应承担责任，以及如何公正地分配责任，是需要法律、技术和道德多方面共同考虑的问题。

第五，随着 AI 技术的不断进步和应用，必须持续关注和评估其在网络安全中的道德和风险问题。这包括制定严格的法规和标准，以确保 AI 安全、公正和

透明地应用于网络安全领域。同时，培养跨学科的专业人才，能够从技术、法律和道德的角度理解和处理这些复杂问题，也是支持 AI 健康发展的重要条件。

AI 在网络安全中的应用虽然有巨大的潜力和优势，但也伴随着不少道德和风险挑战。只有通过持续的研究、合理的规制和全面的风险管理，才能确保 AI 技术在增强网络安全防护的同时，不损害用户的权益，不降低系统的公正性和透明度。

四、未来的人工智能网络防御策略

随着网络威胁的日益复杂和多变，未来的 AI 网络防御策略将成为确保信息安全的关键。AI 技术，特别是机器学习和深度学习，已经显示出在网络防御中的巨大潜力，能够实现快速、智能的威胁检测和响应。在未来，可以预见 AI 将在网络防御策略中扮演更加核心的角色，通过以下几个方面显著提升网络安全水平。

第一，AI 将使威胁检测更加精准和实时。通过持续学习和分析历史数据与实时数据，AI 能够识别出复杂的攻击模式，包括那些传统方法难以检测到的低频、多步骤的攻击。这种能力将使网络防御系统在攻击发生初期就进行干预，大大减少潜在的损害。AI 系统能够在数秒内分析大量数据，远比人工处理快得多，这在应对大规模分布式拒绝服务攻击时尤为重要。

第二，AI 的自我适应能力将使网络防御系统根据新的威胁和变化自动调整保护策略。随着网络环境和攻击技术的不断演化，AI 模型可以不断学习新的数据和攻击手段，不断更新其识别算法，以适应新的威胁环境。这种动态调整的能力是传统防御系统难以比拟的，它可以提供更持久和有效的保护。

第三，AI 可以实现网络防御的自动化响应。在检测到威胁后，AI 不仅能迅速发出警报，还可以自动采取措施响应威胁，如隔离受影响的系统、切断恶意通信或自动修补漏洞。这种自动化的响应大大减轻了人力的负担，特别是在面对高速、自动化的网络攻击时更显必要。

第四，AI 还将在提高网络防御系统的可扩展性和灵活性方面发挥作用。随着企业网络结构的日益复杂和多样化，传统的防御策略已难以覆盖所有可能的攻击面。AI 能够在整个网络中实施统一的防御策略，无论是本地数据中心、云服务还是移动设备，都能确保同样的安全标准和防御措施。

尽管 AI 在网络防御中的应用前景广阔，但同时也需注意 AI 系统本身的安全性和道德风险。例如，需要确保 AI 系统不被恶意攻击者篡改，防止 AI 做出的决策因算法偏见而导致不公。此外，随着 AI 在网络防御中的应用越来越广泛，相关法规和标准的建立也显得尤为重要，以确保 AI 的应用既高效又符合伦理和法律规范。

　　未来的 AI 网络防御策略将通过提高检测的准确性、响应的迅速性和系统的智能化，大幅提升网络安全水平。同时，随着 AI 技术的持续进步和创新，网络防御系统将变得更加智能化和自动化，能够更好地适应日益复杂的网络安全威胁环境。AI 在网络防御中的进一步发展还依赖多学科的合作和研究。例如，数据科学、网络技术等与心理学的结合将有助于安全团队更好地理解攻击者的行为和意图，从而提前预测并阻止攻击。此外，可以开发出更先进的机器学习模型，这些模型不仅能够实时分析和反应，还能够预测未来的威胁趋势，提供更具前瞻性的防护。

　　为了实现这些高级功能，必须持续投资于 AI 技术的研究和开发。这包括改进算法的效率和准确性，提高 AI 系统对新威胁和未知威胁的适应能力，以及增强其抗干扰能力。同时，应对 AI 系统进行严格的安全测试，确保它们在极端情况下也能稳定可靠地运作。在实际部署中，还需考虑 AI 系统的透明度和可解释性。AI 决策过程的不透明可能导致误解和信任问题，特别是当 AI 系统做出重要安全决策时。因此，开发透明且可解释的 AI 系统，使安全团队能够理解和信任 AI 的判断和决策，是建立有效防御的关键。

　　随着 AI 技术在网络防御中的角色越发重要，全球范围内对 AI 应用的法律和道德规范也需要进一步发展。制定全面的政策和标准，不仅能够指导 AI 网络防御的实践，还能确保这些技术的应用既符合道德标准，也尊重用户的隐私和权利。

第二节　量子计算带来的安全挑战

　　量子计算代表了计算技术的一次飞跃，其处理和解决复杂问题的能力远超传统计算机。然而，量子计算的这些优势也带来了新的安全挑战，特别是在加密和网络安全领域。随着量子计算技术的逐渐成熟和商用化，理解和应对其带来的安全挑战变得尤为重要。

　　量子计算对当前加密体系的最大威胁来自其能力突破传统计算机的算力限制。特别是，量子计算机能够运行 Shor 算法，该算法可以在多项式时间内分解大整数。这意味着量子计算机有潜力能够破解目前广泛使用的加密体系，如 RSA

和椭圆曲线加密。这些加密体系的安全性基于某些数学问题（如大数分解和离散对数问题）在传统计算机上难以解决的事实。量子计算的这种能力，可能会使当前许多加密技术变得无效，从而威胁全球数字通信的安全。

除了直接威胁加密算法，量子计算还可能改变网络安全的其他方面。例如，量子计算能力的增强可能使某些攻击策略更加容易实施，如更快地执行密码攻击或优化搜索算法来查找系统漏洞。此外，量子计算也可能被用于加速恶意软件的开发，使它们能够更快地适应和突破传统的防御措施。

应对量子计算带来的安全挑战需要多方面的努力。

首先，开发量子安全的加密算法（后量子加密算法）是当前研究的重点。这些算法设计要在量子计算机上同样难以解决，以确保即使在量子时代也能保持数据的安全性。全球多个研究机构和标准化组织正在积极探索这些新算法，如基于晶格的加密、多变量密码学和哈希加密等。

其次，现有系统和应用需要逐步向量子安全加密过渡。这涉及大规模的基础设施升级和新系统的部署，以及旧系统的逐步淘汰。这一过程不仅需要大量的时间和资源，还需要考虑兼容性和过渡期的安全性。

此外，教育和培训也是应对量子计算安全挑战的关键。随着量子技术的发展，需要有更多的专业人才了解量子计算及其对安全的影响。通过教育和培训，安全专家和开发者可以更好地理解量子安全问题，设计出更安全的系统。

最后，与国际社会的合作也非常关键。量子计算的发展和应用具有全球性，因此在制定量子安全标准和策略时需要国际协调和合作。共享研究成果、制定国际标准和共同应对潜在的量子威胁，可以更有效地提升全球的网络安全防护能力。

量子计算虽然为处理复杂问题提供了前所未有的力量，但也为网络安全领域带来了前所未有的挑战。研发新的加密技术、逐步升级现有系统、加强专业人才培养及国际合作，可以为量子时代的网络安全提供坚实的基础。

一、量子计算与现有加密系统

量子计算的发展预示着一场潜在的技术革命，这种计算能力的大幅提升将对各行各业产生深远的影响。在网络安全领域，量子计算对现有加密系统尤其有颠覆性，因为它能解决传统计算机难以解决的数学问题，这正是很多现代加密算法安全性的基础。

现有的许多加密技术，如 RSA 和椭圆曲线加密，都依赖于大整数分解或椭圆曲线离散对数问题的计算难度。这些问题在传统计算机上是非常耗时的，破解这些加密系统在实际操作中几乎是不可能的。然而，量子计算机运行的 Shor 算法能够在多项式时间内解决这些问题，这意味着一旦量子计算机达到足够的技术成熟度和计算能力，当前广泛使用的公钥加密系统将面临严重的安全威胁。

量子计算对对称加密系统的影响相对较小。对称加密算法，如 AES 和 Cha-Cha20，主要依赖密钥的长度来保证安全性。虽然量子计算机可以通过 Grover 算法加快破解对称加密算法的速度，但其影响可以通过加倍密钥长度来中和。例如，将 AES 的密钥从 128 位增加到 256 位，可以在量子计算环境下维持类似的安全水平。因此，对称加密算法在量子时代仍然被认为是相对安全的。

量子计算对哈希函数的影响也比较有限。哈希函数如 SHA-256 和 SHA-3 在许多安全协议中扮演关键角色，包括数字签名和区块链技术。尽管 Grover 算法可以加速对哈希函数的攻击，但与对称加密算法类似，增加输出位数可以有效地抵御量子攻击。

鉴于这些挑战，研究人员和技术专家正在积极开发量子安全的加密技术，即后量子加密算法。这些算法旨在构建即便面对强大的量子计算能力也能保持安全的加密技术。目前的研究包括基于晶格的加密、多变量密码学、码基加密和同态加密技术。这些算法的设计考虑了量子计算的潜力，旨在抵御量子计算机带来的破解威胁。

在量子计算变得普及之前，对现有加密系统进行升级和更换是一个重要的过渡步骤。全球各地的政府机构和国际标准化组织正加紧制定后量子密码标准。这个过程需要时间，因为需要广泛的研究、测试和验证来确保新的加密方法既安全可靠，又能在全球范围内得到广泛接受和实施。

量子计算为现有加密系统带来了前所未有的挑战，迫使全球安全社区重新考虑和设计密码系统。这不仅是技术上的挑战，也是对现有网络安全框架的一次重大考验。随着量子技术的进步，构建一个既能抵抗传统攻击又能防御量子威胁的安全网络环境将是未来几十年内网络安全研究的重中之重。

二、后量子密码学

随着量子计算的迅速发展，传统加密方法的安全性受到了前所未有的挑战。量子计算机利用量子力学原理，能在极短的时间内解决某些传统计算机需要极长时间才能解决的问题。这种能力特别适用于破解现行的公钥加密系统，如 RSA 和椭圆曲线加密系统，这些系统的安全性建立在大整数分解和椭圆曲线离散对数问题的计算难度之上。为应对这一挑战，后量子密码学应运而生，其目标是开发新的加密算法，即使在量子计算机面前也能保持坚固的安全防线。

后量子密码学的研究集中在寻找不依赖于传统数学难题的加密方法。目前，这一领域的研究主要聚焦于几种主要的技术路径，包括基于晶格的密码系统、码基密码学、多变量密码学及哈希基密码学等。这些技术各有其特点和潜力，为构建抵抗量子攻击的加密体系提供了可能。

基于晶格的密码系统是后量子密码学中最有前景的分支之一。晶格密码学依赖一些看似简单但实际上极其复杂的几何结构问题，如寻找晶格中的最短向量问题，这对于量子计算机来说也是一个难题。晶格密码学不仅理论上安全，而且已经在实际应用中显示出较高的效率和较低的资源需求，其成为后量子加密的热门候选者。

码基密码学则基于经典的错误更正码理论。其中最著名的是麦克利斯加密方案，它通过在传输的信息中故意引入错误，再利用解码算法的复杂性来保证安全性。尽管这些系统通常需要较大的密钥和较高的计算成本，但其抵抗量子计算机的能力使其成为一个有力的后量子加密选项。

多变量密码学基于解决多元多项式方程组的困难性。这类系统通常具有较小的密钥尺寸和较快的加解密过程，是实现高效量子安全加密的有力候选。然而，设计安全且实用的多变量系统需要解决一些复杂的数学和工程问题，以确保其在多样化的应用场景中保持高效和安全。

哈希基加密则是基于哈希函数的单向性和抗碰撞性。尽管目前大多数哈希函数设计主要是为了数据完整性验证，但某些设计能够适用于加密，特别是在量子计算背景下。这种方法在理论上能够提供对抗量子攻击的安全性，但实际的应用还需要进一步的研究与开发。

后量子密码学是应对未来量子威胁的必要步骤。随着量子技术的进步，开发出既安全又高效的后量子加密算法显得尤为重要。这不仅需要密切关注量子计算的发展动态，还需要在全球范围内加强合作，共同推动后量子密码学的研究、标准化和实施，以保护全球信息安全不受未来量子计算技术的威胁。

三、量子密钥分发

量子密钥分发（Quantum Key Distribution，QKD）是一种利用量子力学原理来实现密钥交换的技术，它提供了理论上无法破解的安全性。这种技术基于量子力学的两个基本原理：量子不可克隆定理和量子纠缠。量子不可克隆定理指出，量子态不能被精确复制；而量子纠缠则允许两个量子态即使在空间上分离也能保持即时的关联性。这些特性使得 QKD 在确保通信安全中具有独特的优势。

QKD 的工作原理是，两个通信方（通常称为 Alice 和 Bob）使用量子信道发送单个量子比特（或称光子），这些量子比特被编码为特定的量子态。Alice 将密钥信息编码在量子比特的量子态中，并通过一个安全的量子信道发送给 Bob。由于量子信息的特性，任何试图窃听这些量子比特的行为都会引起量子态的不可避免的干扰，从而被通信双方检测到。一旦 Alice 和 Bob 建立了共享的密钥，他们就可以使用这个密钥来加密后续通信中的消息，通常使用传统的对称加密技术，如 AES 加密算法。即使量子计算机有能力破解传统的加密方法，它们也无法破解用 QKD 方法交换的密钥，因为这些密钥的安全性建立在量子力学的基本定律上，而非计算复杂性。

QKD 的一个关键应用是在金融服务、国家防御和其他需要极高安全性的场合中保护数据交换。例如，银行之间的大额交易、政府机密的传输及保护关键基础设施的控制系统都可以通过 QKD 来增强其安全性。

尽管 QKD 提供了理论上的绝对安全性，但在实际应用中还面临着许多技术和实施挑战。首先是成本问题，QKD 需要专门的量子信道和高精度的量子测量设备，这使得其初期投资和维护成本相对较高。此外，量子信道的传输距离有限，当前的技术大多限于数百公里范围内，这限制了其在更广阔的地理空间中的应用。为了克服这些挑战，研究人员正在开发新的量子中继技术和卫星量子通信技术，以扩展 QKD 系统的可操作距离。例如，在通信链路中设置量子中继站，可以逐段地延长量子信号的传输距离；而利用卫星传输量子信号，则可以实现全球范围内的量子密钥分发。

此外，为了提高 QKD 系统的实用性和可靠性，研究人员也在不断改进量子信源和检测技术，以及研发更高效的量子编码和纠错方法。这些技术进步将使 QKD 更加适用于商业和政府应用，提供一个在量子时代依然坚不可摧的安全保障。

量子密钥分发代表了一种利用量子技术保护信息安全的前沿方法。尽管存在诸多挑战，但其提供的绝对安全性使其成为应对未来量子威胁的有力工具。随着量子技术的不断发展和成熟，QKD 将在全球信息安全体系中扮演越来越重要的角色。

四、量子计算的安全策略

随着量子计算的不断发展，它给现有的网络安全架构带来了前所未有的挑战。量子计算机的强大计算能力有潜力在未来攻破许多传统的加密技术。因此，开发有效的安全策略以应对量子计算带来的威胁变得尤为重要。

第一，企业和组织需要评估量子计算对其安全体系可能带来的具体影响。这包括对现有加密方法的依赖程度的审查，尤其是那些依赖公钥基础设施的系统。这种评估将帮助安全团队确定哪些数据和系统最容易受到量子攻击的影响，从而优先保护这些关键资产。

第二，更新和升级加密算法是对抗量子威胁的关键步骤。这意味着采用被认为是"量子安全"的算法，即那些即使在量子计算机面前也能保持坚固的加密技术。例如，基于晶格、多变量多项式、哈希函数和码的加密方法都被认为具有抵抗量子计算能力的潜力。组织应该开始测试这些后量子加密算法，并逐步将其集成到现有的安全系统中。

第三，实施 QKD 技术可以提供另一层防护。QKD 利用量子力学的原理，提供了一种理论上无法被破解的密钥交换方式。虽然 QKD 技术目前还存在实施成本高和技术复杂度大的问题，但它为最敏感的通信提供了额外的安全保障。研究和投资 QKD 及相关量子通信技术将是未来几年许多安全意识强的组织的重点。

第四，除了技术解决方案，建立强大的安全文化和意识同样重要。教育和培训员工了解量子计算的潜在威胁和组织面临的具体风险，可以增强整个组织对新兴技术变革的适应能力。同时，持续的安全培训和演习可以帮助员工和管理层熟悉新的安全协议和响应策略。

第五，网络安全策略还应包括与全球安全社区的合作。由于量子计算的潜在影响是全球性的，因此，跨国的合作对于共同应对量子威胁至关重要。这包括分享研究成果、共同开发量子安全标准和协议，以及在国际层面上制定量子计算的安全法规和政策。

第六，随着量子技术的不断进步，组织必须保持高度的灵活性和敏捷性，以便迅速应对新的安全挑战。这可能意味着投资于先进的监控和分析工具，这些工具可以实时识别和响应与量子相关的安全事件，从而提前阻止潜在的安全漏洞。

虽然量子计算带来了新的安全挑战，但可以通过实施一系列综合的策略和措施，有效地保护组织免受其潜在影响。随着量子技术的发展，持续的创新和合作将成为确保网络安全的关键。

第三节　下一代网络安全技术

在网络安全领域，下一代技术的发展集中于提升系统的自适应能力、响应速度和智能化水平。这些技术不仅需要应对当前的挑战，还必须预见并抵御未来的威胁。人工智能和机器学习正在改变网络安全的面貌，使威胁检测和响应更加迅速和精准。这些技术通过分析大量数据来识别潜在的攻击模式，能够在问题发生之前进行预警，并实时调整防御措施以对抗新的安全威胁。人工智能的应用使得安全系统能够自学并不断优化策略，有效提升安全操作的自动化和智能化水平。

随着攻击手段的多样化，传统的基于签名的安全防护方法已无法完全应对零日漏洞和高级持续性威胁。因此，下一代网络安全技术中包括高级威胁检测系统，这类系统利用沙箱技术、异常检测和行为分析等先进方法来识别和阻止未知威胁。这些系统不仅能识别已知的恶意行为，还能通过分析行为模式来阻断攻击者的行动，提供更全面的安全防护。

安全自动化与编排工具的发展也是响应网络威胁的一种趋势。这些工具能够自动处理大量常见的安全事件，减轻安全团队的负担，使其可以将注意力集中在更复杂的安全威胁上。通过集成多种安全产品和服务，这些工具提供了一个统一的平台来快速响应和处理安全事件，极大地提高了安全事件的处理效率。

零信任网络架构是应对内部和外部威胁的一种有效方法。它要求对网络内的每一个请求都进行严格的身份验证和权限控制，无论请求来源于内部还是外部。这种架构通过最小化权限和加强访问控制来限制潜在的攻击路径，能提高整个网络的安全性。

综合以上技术的发展，未来的网络安全策略将更加强调预防而不只是反应，强调智能化和自动化的安全解决方案，以及必要时通过先进的加密技术来保护数据的安全。这些技术的综合应用将形成一个多层次、动态适应的安全防护体系，为应对日益复杂的网络威胁提供坚实的防线。

一、新兴技术的安全挑战

数字化时代，新兴技术的快速发展为企业和个人提供了前所未有的便利和效率，但同时也引入了一系列复杂的安全挑战。从人工智能到物联网，再到大数据，每一项技术的进步都携带着潜在的风险，需要深思熟虑的安全对策来保障。

人工智能和机器学习技术已被广泛应用于数据分析、自动化决策支持和模式识别等领域。然而，这些技术的实施也可能导致新的安全漏洞。人工智能系统依赖大量数据来训练算法，这不仅会增加数据泄露的风险，也可能使人工智能系统成为数据污染和算法操纵的目标。此外，人工智能系统的决策过程往往缺乏透明度，使得发现和纠正错误决策变得更加困难。

物联网技术通过使设备联网实现智能化管理和控制，极大地扩展了网络的边界。每一个联网的设备都可能成为攻击的入口，而许多物联网设备的安全设计并不充分，缺乏足够的数据保护和访问控制，易受到各种网络攻击的威胁。随着物联网设备数量的激增，如何确保这些设备的安全，防止它们成为网络攻击的跳板，成了一个亟待解决的问题。

大数据的应用带来了数据管理和隐私保护的重大挑战。企业收集、存储和分析大量数据，来提供更精准的商业洞察和客户服务。然而，这种数据的积累也可能成为黑客攻击的目标，泄露个人隐私甚至商业机密。数据保护法规如《通用数据保护条例》的实施，对企业如何合法合规地处理大量数据提出了要求，迫使企业必须在利用数据的同时加强对数据的保护。

随着新技术的持续发展，面对这些安全挑战，企业和组织需要采取积极措施来应对。这包括加强技术安全防护、提升员工的安全意识、实施严格的数据管理政策和遵守相关的法律法规。同时，跨领域的合作和共享最佳实践也是应对新技术安全挑战的关键。

新兴技术虽然为我们的生活和工作带来了便利和效益，但也引入了不少安全风险。只有通过全面的安全策略和持续的技术创新，我们才能在享受技术带来的好处的同时，保护数字世界免受威胁。

二、创新网络安全解决方案

随着网络攻击日益复杂和频繁，传统的网络安全措施往往难以完全应对新的威胁。因此，开发创新的网络安全解决方案成了业界的重要任务，旨在提供更强大、更灵活和更智能的防护机制来保护数字资产。

第一，人工智能和机器学习的集成是创新网络安全解决方案的核心。人工智能和机器学习技术能够自动化处理大量数据，并从中识别异常模式和潜在威胁，显著提高威胁检测和响应的速度和准确性。例如，使用机器学习模型，可以实时分析网络流量，快速识别并隔离恶意流量，甚至在攻击发生前预测并阻止入侵尝试。此外，人工智能还能学习用户的正常行为模式，从而准确地识别出行为基准之外的活动，这对于检测内部威胁尤为重要。

第二，区块链技术因其固有的不可篡改性和高透明度，正逐渐被应用于网络安全领域。区块链可以用于安全地存储和验证数据的完整性，特别是在分布式网络环境中。例如，利用区块链技术可以建立一个去中心化的数字身份认证系统，用户的身份和权限信息存储在区块链上，任何未经授权的更改都会被系统记录和报警。这种方法不仅能提高身份管理的安全性，还能增加透明度和信任。

第三，零信任安全模型已成为一种新兴的网络安全架构，其核心原则是"永不信任，始终验证"。在零信任模型中，不管资源在何处，任何访问尝试都必须经过严格的身份验证和授权。这种模型通过细粒度的访问控制，可有效防止潜在的内部和外部威胁。实施零信任架构通常需要一系列先进的技术支持，包括多因素认证、最小权限原则、微细分网络及持续的行为监测。

第四，软件定义边界（Software Defined Perimeter，SDP）提供了一种新的网络访问解决方案，它允许企业创建动态、自适应的安全边界。SDP 能够确保只有经过验证和授权的用户和设备才能访问网络资源。与传统的基于固定硬件的防火墙和虚拟私人网络不同，SDP 提供了更灵活和可扩展的访问控制机制，使得网络安全管理更加符合现代企业的动态性和多样性。

第五，随着物联网设备的普及，保护这些设备免受攻击变得尤为重要。创新的物联网安全解决方案包括使用更加安全的设备身份认证方法、加强设备之间通信的加密，并实施持续的设备行为分析以检测和响应异常活动。通过这些措施，可以有效防止恶意软件感染和数据泄露等常见的物联网安全威胁。

创新的网络安全解决方案正在不断发展，旨在通过利用最新技术来增强防御能力，应对日益复杂的网络环境和威胁。这些解决方案不仅需要技术上的革新，还需要与时俱进的策略和综合性的安全思维。随着技术的持续进步，这些创新方案将在未来的网络安全领域发挥越来越重要的作用。

三、持续安全的自适应系统

在当今快速变化的网络环境中，传统的静态安全措施已难以应对新的、持续变化的威胁。因此，持续安全的自适应系统（Continuous Adaptive Risk and Trust Assessment，CARTA）应运而生，这种系统能够动态地适应环境变化，实时地调整安全策略，有效地管理和减轻潜在的安全风险。自适应安全系统的核心在于其持续学习和适应的能力，它能够根据实时数据和不断变化的网络行为来更新其安全控制和响应策略。这种系统不再依赖于一次性的安全评估或固定的防御机制，而是采用动态的方法来评估风险并实施必要的安全措施。

自适应安全系统通常包括几个关键的组成部分：行为分析、风险评估、策略执行和持续监控。行为分析利用机器学习和人工智能技术来识别用户和设备的行为模式，任何偏离正常模式的行为都会被标记为潜在的威胁。这种分析不仅限于过去的行为数据，还包括实时的行为流，以便及时发现异常。风险评估是自适应安全系统的另一个重要环节，它根据当前的威胁情景和外部环境变化来动态调整风险等级。这种评估考虑了多种因素，包括威胁的严重性、攻击的可能性及受影响资产的价值。根据这些风险评估结果，系统能够调整安全策略，优先处理高风险事件。

策略执行环节则是根据评估的风险自动实施相应的安全措施。这些措施可能包括限制用户的访问权限、自动隔离可疑设备或者启动额外的安全检查。这一过程的自动化程度很高，可以极大地减轻人工干预的负担，提高响应速度和效率。

最后，持续监控是确保自适应安全系统有效运行的关键。通过不断监控网络活动和安全事件，系统可以实时收集新的数据，这些数据将用于进一步训练和优化安全模型。此外，持续监控还可以帮助安全团队了解安全措施的实施效果，及时调整策略以应对新的或未被完全解决的威胁。

持续安全的自适应系统通过集成先进的技术和实时的数据分析，提供了一种更加动态和灵活的安全解决方案。这种系统不仅能够对抗传统的网络威胁，也能有效应对快速演变的攻击方式和复杂的网络环境。随着网络技术的不断发展和网络攻击手段的不断创新，自适应安全系统将成为未来网络安全不可或缺的一部分，帮助组织建立更坚固的安全防线。

四、未来网络环境安全的趋势

随着技术的持续进步和全球网络环境的日益复杂，未来的网络安全趋势将聚焦于几个关键领域，以应对不断演变的威胁和挑战。例如，增强防御机制、采纳先进的技术解决方案，这些趋势标志着网络安全战略的新阶段。

第一，随着攻击手段的持续进步，网络安全的重点将更侧重于预防。这意味着安全系统需要具备预测和防御新威胁的能力，而不仅仅是对已发生事件的响应。机器学习和人工智能技术将在这方面发挥关键作用，通过实时分析大量数据来预测潜在的攻击模式和行为，使安全系统能够在攻击发生之前采取措施。

第二，随着物联网设备的普及和5G技术的部署，网络环境变得更复杂，安全策略需要适应更多种类的设备和更大范围的网络连接。这要求网络安全解决方案必须足够灵活，能够保护从传统IT设备到现代智能家居设备的各种连接。因此，安全策略的拓展性和适应性将成为评价其有效性的关键指标。

第三，数据安全和隐私保护仍然是网络安全的重点。随着全球对数据保护意识的提高，各国和地区都在加强数据保护法规建设。企业和组织需要采用更严格的数据保护措施，确保符合国际和地区的法律法规要求。加密技术将继续发展，以提供更强大的数据保护能力，同时，新兴的隐私保护技术，如同态加密和区块链，也将被更广泛地采用。

第四，网络安全的自动化将达到新的高度。随着网络攻击的不断增多和复杂化，手动管理和响应将变得不切实际。自动化工具和技术，如自动化响应系统和安全编排平台，将被广泛部署，以提高处理安全事件的速度和效率。这些工具可以减轻安全团队的负担，使他们能够专注于更复杂的安全分析和决策任务。

第五，随着全球网络攻击的政治化和国家支持的网络活动的增加，网络安全将不仅是技术问题，也是国际政治和战略的一部分。这要求国家和国际组织在网络安全上进行更密切的合作，共同应对跨国网络犯罪和网络战行为。国际合作在共享情报、制定跨国法律和协调响应行动中将发挥关键作用。

未来的网络安全环境将更复杂，涉及的技术、政策和法律问题也将更广泛。在这样的环境下，综合性的安全策略和先进的技术应用将成为保护数字资产不可或缺的部分。随着网络技术的发展，只有不断创新和适应的安全措施才能有效地保护个人和组织免受未来威胁的影响。

第十章　案例研究与实践建议

第一节　重大网络安全事件分析

在当今数字化时代，网络安全事件频发，其影响已从数字世界扩展到现实世界，严重威胁个人隐私、企业运营乃至国家安全。对重大网络安全事件的深入分析不仅有助于理解攻击者的行为模式和动机，还可以提供宝贵的经验教训，帮助企业和组织加强其安全防护措施。网络安全事件的种类繁多，包括数据泄露、恶意软件攻击、钓鱼攻击、拒绝服务攻击等。这些事件往往涉及复杂的技术手段和精心设计的攻击策略，分析这些事件可以揭示安全漏洞的本质，以及如何通过技术和策略来进行有效防范。

此外，对这些事件的分析还可以促进安全社区的信息共享和协作，从而提高整个网络生态的抗风险能力。例如，数据泄露事件常见于各种规模的企业，攻击者通过各种手段获取敏感信息，如用户个人资料、财务数据等。分析这些事件的发生过程，可以发现数据保护的薄弱环节，如未经加密的数据存储、缺乏有效的访问控制、员工的安全意识薄弱等。基于这些发现，企业可以采取加强数据加密、实施多因素认证、加强员工安全培训等措施来降低未来发生类似事件的风险。

恶意软件是一种常见的网络威胁，其类型多样，包括勒索软件、木马和病毒等。这些恶意软件往往利用未被及时修补的软件漏洞或者通过社交工程技巧如钓鱼邮件来传播。分析恶意软件事件可以揭示如何更有效地运用部署入侵检测系统、及时应用安全补丁等来防范恶意软件攻击。

拒绝服务攻击通过消耗目标网络的资源来使其无法提供正常服务，这类攻击可以迅速削弱企业的运营能力。分析这些攻击事件，尤其是那些通过分布式拒绝服务攻击实施的案例，可以帮助企业了解如何设计更健壮的网络架构和实施有效的流量监控策略，以抵御大规模的流量攻击。

通过案例研究，不仅可以总结具体的技术和策略建议，还可以深入理解网络攻击和防御之间的持续较量。这种理解将使网络安全从被动的防御转变为主动的预防，从而在全球范围内提升网络的整体安全水平。此外，这些分析还可以促进跨行业、跨领域的合作，共同构建一个更安全、更可靠的网络环境。在未来，随着网络技术的进一步发展和网络攻击手段的不断创新，持续的学习和适应将成为网络安全实践中不可或缺的一部分。

一、重大网络攻击案例

在过去，全球各地的企业和政府机构遭受了一系列严重的网络攻击，这些事件不仅导致了巨大的经济损失，还暴露了网络安全体系中的多项薄弱环节。通过分析这些重大网络攻击案例，我们可以深入理解攻击者的行为模式，总结经验教训，从而加强未来的安全防护措施。

一个著名的案例是 2017 年的 WannaCry 勒索软件攻击。这场攻击影响了包括英国国家卫生服务（National Health Service，NHS）、西班牙电信和联邦快递在内的数万家机构。WannaCry 通过加密受害者的文件，并要求支付比特币赎金来解锁，给受影响的机构和个人带来了巨大的经济和运营压力。此事件提醒企业必须备份重要数据，以防万一。

另一个引人注目的例子是对索尼影业的网络攻击，这起事件发生在 2014 年底。黑客组织侵入了索尼的网络，窃取了大量敏感信息，包括未发布的电影、高层的电子邮件及个人信息等。攻击者随后将这些数据公之于众，造成了严重的品牌和财务损失。这一事件不仅揭示了企业内部数据管理的脆弱性，还凸显了对员工在信息安全方面的培训和意识提升的需求。

2016 年的 Dyn DDoS 攻击则展示了如何通过大规模分布式拒绝服务攻击使互联网服务陷入瘫痪。在此次攻击中，大量的物联网设备被恶意软件感染，并被用来发送请求，最终导致 Dyn 的 DNS 服务暂时中断。这次攻击影响了 Twitter，Amazon，Netflix 和其他大型网站的正常运作。这一案例强调了物联网设备安全的重要性，特别是设备制造商在出厂前需要对设备进行适当的安全加固。

在 2018 年，Marriott 国际酒店集团遭遇了一起重大数据泄露事件，其中约 5 亿名客户的个人信息被泄露，包括姓名、地址、电话号码、邮箱地址、护照号码及相关旅行信息等。这一事件表明，数据安全和隐私保护在企业运营中的重要性日益突出，同时也凸显了进行全面的安全风险评估的必要性。

通过这些案例分析，可以看出网络攻击的手段多种多样，影响深远。面对这些挑战，企业和组织需要建立一套全面的安全策略，不仅要关注技术防护，还应包括数据备份、应急响应计划及持续的安全审计等多个方面。同时，随着网络环境的持续变化，持续更新和适应最新的安全实践成为确保网络安全的关键。只有通过综合性的安全措施和持续的警觉，才能有效防御未来可能出现的网络威胁。

二、事件的分析与教训

网络安全事件的发生往往不是孤立的，每一次重大的安全事件背后都隐藏着复杂的技术细节、人为因素及战略失误。通过对这些事件的深入分析，不仅可以揭示具体的攻击方法和安全漏洞，还可以汲取宝贵的经验，为未来的安全策略提供指导。

第一，安全漏洞的及时修补是防御网络攻击的基础。例如，WannaCry 勒索软件利用的是 Windows 系统中 SMB（Server Message Block，信息服务块）协议的已知漏洞。尽管微软在被攻击前已经发布了相应的安全补丁，但许多机构和个人因未及时更新其系统而受到影响。这一事件凸显了及时应用软件更新和补丁的重要性，忽视这一点会使整个网络环境面临不必要的风险。

第二，对于内部数据管理和控制的重视程度直接影响企业的安全防护效果。从索尼影业被黑客攻击的事件中可以看出，内部安全措施的薄弱容易使大量敏感信息外泄。这一事件告诉我们，企业不仅要加强对外部威胁的防护，更要关注内部数据管理的安全性。加强员工的安全意识培训，实施严格的数据访问控制和监控系统，都是提升内部安全防线的关键措施。

第三，物联网设备的安全问题不容忽视。Dyn 的 DDoS 攻击表明，大量未加密的、安全性低的物联网设备可以被轻易地利用来发动大规模网络攻击。因此，设备制造商需要在设计阶段就将安全性考虑进去，为设备设置更强的默认安全配置，同时提供定期的安全更新和补丁以防止被恶意利用。

第四，数据安全和隐私保护已成为全球关注的焦点。Marriott 酒店集团的数据泄露事件暴露了企业在处理和保护客户数据方面的漏洞。这一事件强调了合规性和数据保护措施的重要性，特别是在涉及大量个人敏感信息的行业中。企业应该实施综合的数据保护策略，包括数据加密、访问控制和定期的安全审计，以确保客户数据的安全。

第五，这些事件表明，预防措施和应急响应计划是保障网络安全的两大支柱。企业不仅需要投入资源来防御可能的网络攻击，还应当准备详尽的应急响应计划，以便在安全事件发生时迅速反应，最小化损失。这包括建立有效的通信机制、定期进行安全演练和测试，以及与外部安全力量如政府机构和安全公司进行合作。

通过对重大网络安全事件的分析，我们可以清晰地看到，网络安全面临多层面、多维度的挑战。有效的安全防护需要技术、管理及教育等多方面的共同努力。只有不断学习和识别新的安全威胁，持续优化和更新安全策略，才能在不断变化的网络环境中保持防御的先手。

三、评估网络安全应对措施的有效性

评估网络安全应对措施的有效性是确保企业和组织能够适应日益复杂的网络威胁环境的关键。一个有效的评估过程不仅可以验证现有安全措施的功效，还可以识别存在的漏洞和弱点，从而指导未来的安全策略和投资。

评估网络安全措施的有效性首先需要明确评估标准和指标。这些指标应覆盖安全措施的各个方面，包括技术防护、过程和策略及人员培训等。常见的评估指标包括威胁检测速度、响应时间、系统恢复时间、用户满意度及安全事件的频率和严重程度等。

技术防护的有效性可以通过模拟攻击或渗透测试来评估。这些测试通过模拟恶意行为来检验防御措施是否能够有效阻止或缓解攻击。运用这种方式，可以直观地看到哪些安全措施是有效的，哪些需要改进。此外，定期的安全审计也是评估技术防护措施有效性的重要手段，它可以帮助安全团队发现配置错误、过时的系统和未经授权的活动等潜在安全风险。

在过程和策略方面，有效性的评估通常关注安全政策的实施情况及员工的遵守程度。例如，可以通过跟踪安全事件的处理记录和审核日志来评估安全事件响应流程的效率和正确性。此外，定期的安全演练有助于检验企业对突发事件的应对能力，确保安全团队能够按照既定的程序迅速有效地行动。

人员培训的有效性评估通常通过安全意识调查和测试来进行。通过这些调查和测试，可以了解员工对于安全政策的理解程度及其在日常工作中的安全行为表现。此外，追踪培训后的安全事件变化也是一个有用的指标，可以反映培训内容的实用性和员工的学习效果。

在进行这些评估时，收集和分析数据是至关重要的。数据驱动的分析不仅可以提供定量的评估结果，还能帮助识别趋势和模式，指导安全策略的调整。例如，通过分析安全事件和漏洞的数据，组织可以优先处理那些影响最大或最频繁发生的问题。

最后，评估的过程本身也需要不断更新和优化。随着新的安全威胁和技术的

出现，评估标准和方法可能需要调整以反映新的安全环境和组织的业务变化。持续的改进和适应是确保评估有效性的关键。

通过全面的技术测试、过程审核、人员培训评估及持续的数据分析，组织可以全方位地评估其网络安全措施的有效性，确保在面对不断变化的威胁时能够保持防护的先进性和适应性。这不仅有助于保护组织的资产和声誉，还能增强客户和合作伙伴的信任。

四、未来预防网络安全事件的策略

随着网络环境的不断演变和技术的快速发展，未来的网络安全策略必须更加灵活，具有前瞻性和综合性。预防未来网络安全事件的策略需要在技术、人员和流程等多个层面进行系统的规划和实施。这些策略不仅要应对当前的威胁，更要预见未来可能出现的安全挑战。

第一，技术创新是防御未来网络威胁的关键。随着人工智能、机器学习、量子计算和物联网等技术的发展，安全技术也需要不断更新以匹配这些新兴技术的安全需求。例如，引入基于人工智能的安全防护系统可以通过持续学习来识别和应对前所未见的威胁。此外，量子加密技术可以为数据传输提供近乎不可破解的安全性，以对抗未来量子计算机可能带来的威胁。

第二，持续的安全教育和培训对于预防未来安全事件至关重要。安全意识是所有安全措施中的第一道防线。组织应定期对员工进行安全培训，培训内容包括最新的安全威胁信息、安全最佳实践和应急响应程序。这种教育不仅限于技术人员，所有员工都应了解基本的安全知识，以减少人为错误导致的安全事件。

第三，实施综合性的风险管理策略也是关键。这包括定期进行安全评估和审计，以识别潜在的安全漏洞和弱点。此外，组织应建立一个全面的风险管理框架，涵盖从风险识别到风险缓解的全过程。这个框架应该能够适应不断变化的外部环境和内部政策，确保安全措施的时效性和有效性。

第四，应急准备和响应计划也非常重要。无论安全措施多么完善，都无法保证完全避免安全事件的发生。因此，制订和实施详细的应急响应计划至关重要。这包括建立快速响应团队、制定通信策略和恢复计划。通过模拟演练和真实案例分析，可以不断完善应急计划，提高组织对突发事件的响应能力和恢复能力。

第五，加强与全球网络安全社区的合作也是预防未来安全事件的重要策略。网络安全是一个全球性的挑战，需要跨国界、跨行业的合作。分享情报、技术和资源，可以共同提升抵御复杂网络威胁的能力。同时，组织可以积极参与国际安全标准的制定，了解全球网络安全发展的前沿技术。

通过上述策略的实施，组织不仅可以防御当前的网络威胁，也可以有效预防和准备应对未来的安全挑战。在这个信息化快速发展的时代，只有不断创新、积极应对和广泛建立合作，才能在网络空间中保持安全和稳定。

第二节　企业网络安全实践

在当今的商业环境中，网络安全已成为企业管理的核心组成部分。随着技术的快速发展和企业运营日益依赖于数字化，网络安全的重要性日益突出，已经从一个技术问题转变为战略层面的问题。企业无论大小都面临着多方的网络威胁，这些威胁不仅可能导致经济损失，还可能损害企业的品牌信誉。因此，建立和实施有效的网络安全实践是保护企业资产、维持企业运营和保障客户利益的必要条件。

网络安全不再只是由 IT 部门独立承担的责任，而是需要企业各级各部门共同参与的综合性工作。从高层管理到普通员工，每个人都应具备必要的安全意识，并在日常工作中进行安全操作。因此，构建安全文化，使安全意识成为企业文化的一部分，是确保企业网络安全的关键。

在技术层面，随着云计算、大数据、物联网和人工智能等技术的广泛应用，企业的网络环境变得更加复杂和开放。这就要求企业不断更新和升级其安全技术和工具，以防御新的安全威胁。企业需要投资最先进的安全技术，如入侵检测系统、入侵防御系统、防火墙、反恶意软件工具及数据加密技术等，来保护其网络不被未授权访问。

随着远程工作模式的普及，员工可以在任何地点接入企业网络，这会增加网络安全管理的复杂性。企业需要实施严格的远程访问政策，并使用安全的虚拟私人网络技术，以确保远程工作的安全性。同时，对于使用个人设备进行工作的情况，企业应该有明确的政策和技术措施来管理和限制这些设备的访问权限。

随着数据泄露事件的频繁发生，如何有效保护企业和客户的敏感数据成了一个挑战。企业应该实施数据分类和数据访问控制，确保敏感数据只能被授权的用户访问。此外，定期进行数据备份和恢复演练也是保护数据不受损害的重要措施。

通过定期的安全审计和风险评估，企业可以及时发现并修复安全漏洞，减少潜在的安全风险。一旦发生安全事件，快速有效的应急响应可以最大限度地减轻损失。

随着网络环境的不断演变，企业需要不断调整和优化其网络安全实践，以应对不断变化的威胁。这需要企业从战略到操作的每个层面，都秉持高度的警觉和专业的安全态度，确保能够在数字化浪潮中保护自身及客户的利益。

一、建设企业网络安全框架

在当代企业的运营中，构建一个强大的企业安全框架是确保信息安全和数据保护的关键。随着技术的快速发展和网络环境的不断变化，企业面临的安全威胁也日益复杂，这要求企业不仅要应对当前的挑战，还必须具备预见未来威胁和适应新技术的能力。

企业安全框架的建设首先需要从高层管理开始，确保安全策略与企业的总体战略紧密结合。这一过程中，高层管理的支持和参与至关重要，因为安全投资往往需要从长远的业务目标出发进行规划和调整。安全框架应涵盖从物理安全到网络安全，再到员工的安全意识培训等多个方面，形成一个多层次的防御体系。

技术是构建企业安全框架的核心。这包括选择和部署适当的安全技术和工具，如防火墙、入侵检测系统、数据加密解决方案及安全信息与事件管理系统。这些技术能够帮助企业监控、防御并响应各种安全威胁。然而，技术措施的有效性往往取决于它们如何被整合和管理。因此，企业需要拥有一支能够熟练操作这些技术的专业安全团队。

数据保护是企业安全框架中的一个重要组成部分。在数据驱动的商业环境中，保护企业和客户的数据免受泄露和滥用是至关重要的。这需要企业实施严格的数据管理和访问控制政策，确保数据的完整性和保密性。此外，企业还应定期进行数据安全审核和风险评估，以识别和修补潜在的数据安全漏洞。

应急响应计划也是企业安全框架中不可或缺的一部分。无论安全措施多么完备，总有可能发生安全事件。因此，企业需要制订详细的应急响应计划，以便在安全事件发生时能够迅速采取行动。这个计划应包括事件检测、响应、修复和后续复查等步骤，确保在控制损失的同时，能够从事件中学习和改进。

随着全球业务和供应链的扩展，企业安全框架的构建还需要考虑跨境数据流动和合规性问题。随着各国对数据保护法规的日益严格，企业需要确保其安全措施符合相关法律法规的要求。

构建一个有效的企业安全框架是一个持续的过程，需要企业在技术、管理和文化等多个层面不断努力和投资。通过实施综合的安全措施，企业不仅能保护自身免受网络威胁，还能在激烈的市场竞争中树立信誉，赢得客户的信任。

二、营造网络安全文化

在现代企业中，构建一种有效的安全文化已经成为提升整体网络安全的基石。安全文化不仅关乎技术的实施，还体现在企业每一位成员的日常行为和决策中。一种根植于企业核心的安全文化能够大大增强组织的安全防御能力，减少因疏忽或错误操作导致的安全风险。

第一，安全文化的建立需要企业高层的强有力支持和示范。领导层的态度和行为将直接影响组织对安全的重视程度。当领导层明确将安全视为业务成功的关键部分，并通过资源投入、政策制定和个人行为展示其重要性时，公司的安全意识和行为标准自然会得到提升。

第二，培养全员的安全意识是构建安全文化的关键。这不仅需要通过定期的安全培训来实现，也需要通过持续的沟通和教育来强化。企业可以通过举办安全研讨会、进行模拟钓鱼测试等活动，让员工在实践中学习和体验安全的重要性。此外，创建一个开放的环境，鼓励员工提出改进建议，也是营造正面安全文化的有效途径。

第三，将安全责任具体化是构建安全文化的重要方面。企业应明确每个员工的安全责任，从最高管理层到基层员工，每个人都应明白自己在保护组织资产中的角色和责任。通过明确责任，员工能意识到自己的行为对企业安全的影响，从而在日常工作中采取更谨慎和符合安全要求的行为。

第四，正面的激励机制对于强化安全文化也至关重要。通过表彰安全行为，以及为报告潜在安全风险的员工提供奖励，可以有效地激发员工的安全参与意识和动力。这种正面的激励不仅可以提升员工的安全行为，也可以帮助公司形成一种积极的安全氛围。

第五，持续的评估和改进是安全文化长期发展的保障。企业应定期评估安全文化的效果和员工的安全行为，查找不足，并根据评估结果调整安全策略和培训计划。企业通过不断学习和改进，其安全文化能够应对不断变化的安全威胁和业务需求，持续提供强有力的安全支持。

通过上述方式，企业可以逐步构建和深化以安全为核心的组织文化。这种文化将成为企业安全防护体系中不可或缺的一部分，不仅能有效提升组织的整体安全水平，还能在面对日益复杂的网络威胁时，为企业带来更大的韧性。

三、集成和创新安全技术

在当前的网络安全领域，技术的集成与创新是提升企业安全防护能力的关键。随着新兴技术的不断涌现，企业需要有效集成和创新安全技术，以防范日益复杂的网络威胁和应对快速变化的攻击手段。

集成安全技术首先要求企业采取一个全面的视角，评估并整合其安全架构中的各个组成部分。这包括防火墙、入侵检测系统、恶意软件防护、数据加密技术和安全信息与事件管理系统。通过这种集成，企业可以确保从多个层面监控和防护其网络，使安全系统在检测到威胁时能够迅速而有效地响应。此外，企业需要关注将这些技术与其 IT 基础设施和业务流程紧密结合。例如，集成先进的端点检测和响应（Endpoint Detection and Response，EDR）技术可以帮助企业实时监控端点设备的状态，自动化地分析威胁数据，快速应对潜在的安全事件。同时，将云安全工具与企业的云基础设施集成，可以保护存储在云端的数据不受侵害，并确保符合各种合规要求。

创新在网络安全中的重要性不容忽视。随着攻击者技术的不断变化，仅依赖传统的安全措施已无法满足保护需求。企业需要探索如人工智能和机器学习等新兴技术，以增强其安全能力。例如，人工智能可以通过学习正常的网络行为模式，自动识别异常活动，从而提前阻止潜在的安全威胁。此外，机器学习技术可以在数据泄露事件发生后快速分析大量数据，识别数据泄露的根源，从而减少损失。

创新还包括开发新的安全协议和加密技术。随着量子计算的发展，传统加密方法可能会遭遇威胁。因此，研究和开发量子安全的加密技术变得尤为重要。这些技术能够在未来对抗基于量子计算的攻击，保护企业的数据安全。同时，企业应鼓励创新文化，激励员工提出改进安全操作的想法。通过内部创新项目、黑客马拉松或安全工作坊，企业不仅可以发掘和培养安全人才，还能不断优化其安全实践，使之更加适应当前的安全环境。

安全技术的集成与创新对于企业来说是一个持续的过程。随着技术的发展和网络威胁的变化，企业必须不断评估和更新其安全策略。通过有效地集成最新的安全技术，并在此基础上进行创新，企业可以建立更强大的防御系统，更好地保护自身免受网络攻击的影响。

四、持续改进企业网络安全

在动态变化的网络环境中，企业的网络安全措施不能静止不变。持续改进是确保企业安全措施与时俱进、有效抵御新威胁的关键。这一过程要求企业不断评估现有安全措施的效果、监测新的安全威胁，并根据业务需求和技术发展进行调整和优化。

第一，持续改进的基础是对现有安全体系的定期评估。企业需要定期进行全面的安全审计，包括技术、政策、过程和人员方面的审查。这些审计应由内部安全团队或外部安全专家执行，目的是识别安全体系中的弱点和缺陷。通过这种评估，企业可以了解哪些安全措施有效，哪些需要改进，从而制定相应的优化策略。

第二，持续监测是持续改进策略中不可或缺的一部分。随着网络攻击手段的快速发展，企业必须实时监控网络活动，以便及时发现并应对安全威胁。这通常需要部署先进的监测工具，如入侵检测系统、安全信息与事件管理系统等。这些工具可以帮助企业捕捉异常行为，分析潜在的安全事件，并提供必要的警报。

第三，在技术层面，企业应持续追踪和采纳新兴的安全技术。随着人工智能、机器学习、区块链等技术的发展，新的安全工具和方法不断被开发出来。企业应积极探索这些新技术该如何应用于自身的安全架构中，如使用机器学习技术改善威胁检测和响应过程，或利用区块链技术增强数据完整性和透明度。

第四，人员培训也是持续改进过程的重要组成部分。安全环境的变化要求企业员工不断更新其安全知识和技能。企业应定期举办安全培训活动，覆盖基本的安全意识及高级的安全操作技能。同时，鼓励员工参与安全决策和改进过程，可以增强员工的安全责任感，促使安全成为企业文化的一部分。

第五，企业应建立一个开放的反馈机制，鼓励员工、客户和合作伙伴就安全问题提出反馈和建议。通过收集和分析这些反馈，企业不仅可以改进现有的安全措施，还可以提升相关方对企业安全管理的信任度和满意度。

企业安全的持续改进是一个全面且动态的过程，涉及技术更新、政策调整、过程优化和人员培训等多个方面。只有通过持续的努力和投入，企业才能在不断变化的环境中维持其安全防护的有效性，保护企业和客户的利益。

第三节　个人数据保护的策略与技巧

在数字化时代，个人数据的保护已成为全球关注的焦点。随着个人信息在网上的广泛应用，保护这些数据免受未授权访问和滥用变得尤为重要。企业和个人必须采取切实有效的措施，确保个人信息的安全，以维护个人的隐私权。

对于企业来说，建立强有力的个人数据保护策略不仅是法律和道德的要求，更是企业社会责任的重要组成部分。首先，个人数据保护的核心在于了解哪些信息需要被保护，以及为何需要保护这些信息。一般而言，个人数据包括但不限于姓名、地址、电子邮件、医疗记录、银行账户信息等，这些信息如果被误用，可能会对个人的财产、隐私甚至安全造成严重威胁。因此，确保这些敏感信息的安全是构建数据保护策略的首要任务。

接下来，确立数据保护的法律框架是必不可少的步骤。随着各国数据保护法律法规的日益严格，企业需要确保其数据处理活动符合相关法律的规定。这不仅可以避免潜在的法律风险，还能展示企业对客户隐私的尊重和负责任的态度。

此外，实施技术保护措施是保护个人数据的关键。这包括使用加密技术来保护数据在存储和传输过程中的安全，实施访问控制策略以确保只有授权人员能访问敏感信息，以及定期进行安全审计和风险评估以检测和修复可能的安全漏洞。通过这些技术手段，企业可以有效防止数据被非法访问和泄露。

提升员工的数据保护意识也是至关重要的。很多数据泄露事件是由于员工的疏忽或错误操作造成的。因此，定期对员工进行数据保护培训，可以显著降低因操作不当造成的安全事件。培训内容应涵盖数据保护的最佳实践、潜在的安全威胁及如何应对数据泄露事件。

最后，对于个人而言，了解如何保护自己的信息也是非常重要的。这包括使用强密码、定期更新软件、谨慎分享个人信息及使用双因素认证等。个人用户应成为自己数据的首个防线。

无论是企业还是个人，都必须认识到个人数据保护的重要性，并采取相应的策略和措施来确保数据的安全。这不仅有助于防范网络犯罪，还能在保护隐私的同时，提升公众对企业品牌的信任度和忠诚度。通过持续的努力和更新，我们可以更好地应对日益复杂的数据安全挑战。

一、个人数据安全的基础

在数字化快速发展的今天，个人数据的安全成了全球用户、企业乃至政府机构关注的焦点。个人数据包括能够识别个体身份的各类信息，如姓名、地址、社会保障号码等。在此环境下，确保个人数据的安全不仅是保护个人隐私的需要，也是维护网络安全和公共安全的重要组成部分。个人数据安全的基础在于理解数据的价值及其潜在风险。数据一旦被盗用或泄露，可能会导致身份被窃、金融损失甚至个人安全受到威胁。因此，了解数据被攻击的常见方式及如何防护，是每个网络用户必备的知识。

第一，强化密码政策是保护个人数据的第一步。使用复杂且独特的密码，并定期更换密码，是防止未授权访问的基本策略。此外，利用密码管理工具可以帮助用户管理多个复杂密码，避免使用重复或简单密码带来的风险。

第二，多因素认证可以提供额外的安全层。即便密码被破解，攻击者还需要第二层身份验证才能访问账户。多因素认证可以是短信验证码、生物识别或是通过认证应用生成的代码，这可以大大增加安全性。

第三，定期更新软件和操作系统也是保护个人数据的重要措施。软件更新通常包括安全补丁，可以修复已知的安全漏洞。保持系统和软件的最新状态可以减少攻击者利用这些漏洞入侵系统的机会。

第四，使用安全的网络连接也至关重要。避免在公共 Wi-Fi 网络上进行敏感操作，如在线银行交易或输入个人信息，因为公共网络容易被黑客监听。使用虚拟私人网络可以在公共网络上提供加密的数据传输，保护数据不被窃取。

第五，对于电子邮件安全，要警惕钓鱼攻击。钓鱼邮件通常伪装成合法请求，如银行或知名公司，引诱用户点击恶意链接或附件。教用户识别这些欺诈性邮件，并严格检查邮件来源，是减少被攻击风险的有效方法。

第六，在社交媒体和其他在线平台上，谨慎分享个人信息也非常重要。过多的个人信息公开会为攻击者提供攻击线索。设定严格的隐私设置，并思考分享信息的必要性，可以减少个人信息被滥用的风险。

第七，数据备份是数据安全的一个重要方面。定期备份重要数据可以在数据丢失或系统遭受攻击时，快速恢复数据，减少损失。备份应存储在安全的位置，如加密的外部硬盘或云存储服务，并确保备份的数据同样受到良好保护。

个人数据安全的基础涉及多个层面，包括强化密码政策、实施多因素认证等。通过这些措施，用户不仅可以保护自己的个人信息免受网络威胁，还可以为整个数字空间的安全做出贡献。

二、高效的个人数据保护技巧

在数字时代，个人数据保护已成为每个网络用户必须关注的问题。随着个人信息在互联网上的广泛使用，数据泄露的风险也随之增加。因此，掌握一些高效的个人数据保护技巧是必要的，这些技巧可以帮助用户提升数据安全性，有效防御潜在的网络威胁。

重视密码的安全性至关重要。强密码是保护账户安全的第一道防线。一个理想的密码应该包括字母、数字和特殊字符的组合，且长度不少于 12 个字符。避免使用易猜的密码，如生日、电话号码或连续数字。此外，不同的账户应使用不同的密码，以防一个账户被破解后，其他账户也遭到风险。

多因素认证为账户安全添加了一层额外保护。即使密码被窃取，没有额外的验证信息，攻击者也难以进入账户。多因素认证包括短信验证码、生物特征（如指纹或面部识别）或是使用身份验证应用生成的一次性密码。启用多因素认证能显著提高账户的安全等级。

定期更新软件和操作系统是一个关键的防护措施。软件开发商需要经常发布更新来修补安全漏洞。保持软件和操作系统的最新状态，可以减少攻击者利用已知漏洞进行攻击的机会。自动更新功能可以简化这一过程，不需要手动操作就可以保持软件的最新状态。

使用加密技术对数据进行保护也是保障个人数据安全的有效方法。对敏感信息如财务记录或个人身份信息进行加密，可以确保即便数据被非法访问，也无法被轻易解读。此外，使用虚拟私人网络服务可以加密在线活动，特别是在使用公共 Wi-Fi 网络时，虚拟私人网络可以保护数据不被拦截。

谨慎处理电子邮件和链接也非常重要。钓鱼攻击通常通过看似合法的电子邮件或链接来诱使用户提供敏感信息。不点击未知来源的邮件中的链接，不下载未经验证的附件，对于看起来可疑或请求敏感信息的邮件，应进行额外的审查。

社交媒体设置也应得到适当的管理。在社交媒体平台上分享过多个人信息可能会无意中泄露可以被用来实施进一步攻击的线索。调整隐私设置，限制哪些信息是公开的，哪些信息仅对特定人群可见，可以减少个人信息被滥用的风险。

备份个人数据也是一项重要的安全措施。定期备份重要文件和数据可以在原始数据丢失或损坏时迅速恢复。备份应保存在安全的位置，如加密的外部硬盘或云存储服务中。

通过运用个人数据保护技巧，用户可以显著提高自己的网络安全防护水平，有效预防数据泄露和其他网络安全威胁，维护个人隐私和网络安全。在数字化不断深入的今天，掌握这些基本的安全技巧已经变得至关重要。

三、网络身份的保护

在当今的数字时代，网络身份的保护已经成为个人和企业维护安全的一个重要方面。网络身份是指个人在互联网上的识别信息，包括用户名、密码、电子邮箱地址及与个人相关的其他身份信息。由于这些信息具有敏感性，它们成了网络犯罪者的主要攻击目标。因此，采取有效的措施来保护网络身份，是防止身份被窃和相关网络攻击的关键。

首先，使用强健的密码和多因素认证是保护网络身份的第一步。其次，操作系统、浏览器和应用程序的更新往往包含安全修补程序，可以防止攻击者利用已知漏洞进行攻击。自动更新设置可以确保软件总是处于最新状态，从而最大限度地减少安全漏洞。

虚拟私人网络可以通过加密用户的互联网连接，保护数据在传输过程中不被拦截，从而保护用户的网络身份和其他敏感信息不被窃取。在社交媒体或其他在线平台上不要过度分享个人信息，防止增加身份被窃的风险。

最后，定期监控和审查个人网络活动可以帮助用户及早发现并应对可能的身份盗窃活动。许多服务现在提供账户活动通知，如登录地点和时间的警报，这些可以帮助用户及时发现并响应非授权活动。

保护网络身份需要一个多层面的策略，结合强健的技术措施和警觉的个人行为。通过实施这些策略，个人和企业可以显著提高其网络身份的安全性，降低被网络犯罪威胁的风险。

四、网络安全教育与意识提升

在网络安全领域，教育和意识提升是防御网络攻击的核心环节之一。随着技术的快速进步和网络环境的不断变化，维护安全的责任不仅仅落在技术专家身上，每个网络用户都需要具备基本的安全意识和知识。进行有效的教育，提升用户的安全意识，可以极大地减少因用户疏忽或无知而引发的安全事件。

首先，安全教育的目标是确保每个人都了解基本的网络安全知识。这包括识别和防御常见的网络威胁，如钓鱼攻击、恶意软件、社交工程攻击等。此外，用户应该了解如何安全地管理个人数据，如使用强密码、启用多因素认证和备份重要数据。教育程序应该定期更新，以纳入最新的安全威胁信息和防御策略。

其次，教育和意识提升应该是持续和系统的。企业和组织应该实施定期的安全培训计划，确保所有员工从入职开始就接受必要的安全培训，并定期接受进阶培训。这些培训不仅应涵盖技术性知识，还应包括对公司特定安全政策的教育，以及在日常工作中如何应用这些政策。此外，企业应鼓励开放的交流环境，让员工能在其中自由地报告安全隐患和事件，而不必担心受到指责。定期举办安全知识竞赛和模拟钓鱼测试等活动，可以保持员工对安全问题的持续关注。此外，认可和奖励那些在安全实践方面表现出色的员工，可以进一步激励团队成员参与安全维护活动。

另一个重要方面是利用现代技术来支持教育，提升安全意识。例如，使用在线学习平台和交互式工具可以让安全教育更加灵活和有趣。这些工具可以提供模拟场景，让员工在虚拟环境中学习如何应对实际的安全威胁，从而增强学习效果。

最后，家庭和学校也是网络安全教育和意识提升的重要场所。家长和教育者应教育儿童和青少年安全地使用互联网，包括保护个人信息、识别不安全的网络行为和适当使用社交媒体。学校可以通过课程和活动，如安全编程和网络伦理，来提升学生的安全技能和意识。

通过实施全面的教育和意识提升计划，社会各界可以提高抵御网络威胁的能力，创建更加安全的网络环境。这不仅可以降低网络攻击的成功率，也有助于建立一个更加负责任和安全意识较高的网络社会。

参考文献

[1] 熊镇斌. 计算机网络安全体系的一种框架结构及应用研究［J］. 无线互联科技，2022，19（20）：152-154.

[2] 徐喆. 融媒体平台网络安全体系的构建与探索［J］. 网络安全和信息化，2022（06）：109-111.

[3] 闫怀志. 网络空间安全体系能力生成、度量及评估理论与方法［M］. 北京：科学出版社，2020.

[4] 杨照峰，樊爱宛，彭统乾. 基于大数据环境下的计算机网络安全体系搭建思路探究［J］. 信息技术与信息化，2019（11）：148-150.

[5] 姚宏. 网络信息传播特征统计及通信安全体系建构［M］. 武汉：湖北科学技术出版社，2020.

[6] 袁胜. 齐向东：数字经济时代的新型网络安全体系建设方法［J］. 中国信息安全，2020（10）：24-27.

[7] 张建标，林莉. 网络安全体系结构［M］. 北京：科学出版社，2021.

[8] 张耀东，吉俊峰，马晓瑛. 融媒体平台网络安全体系的构建与探索［J］. 现代电视技术，2018（10）：117-120.

[9] 任成刚. 大数据下的计算机网络安全技术分析［J］. 网络安全和信息化，2023（11）：148-150.

[10] 于晓冬，翟伟华，冯涛. 大数据背景下计算机网络安全技术优化策略［J］. 产业创新研究，2023（20）：8-10，124.

[11] 韩菊莲. 大数据背景下的计算机网络安全技术研究［J］. 数字通信世界，2023（10）：32-34.

[12] 刘王宁. 大数据及人工智能技术的计算机网络安全防御系统［J］. 网络安全技术与应用，2023（10）：67-69.

[13] 贾珺. 人工智能技术在大数据网络安全防御中的运用研究［J］. 天津职业院校联合学报，2023，25（09）：31-35，54.

[14] 徐立溥. 大数据环境下计算机网络安全技术实践研究［J］. 软件，2023，44（09）：148-151.

[15] 项建德. 基于大数据的计算机网络安全防御系统建构分析 [J]. 信息记录材料, 2023, 24 (09): 53-55.

[16] 白天毅. 局域网环境背景下的计算机网络安全技术应用探析 [J]. 网络安全技术与应用, 2023 (08): 19-21.

[17] 张萌. 大数据与计算机网络安全问题对策分析 [J]. 电子技术, 2023, 52 (11): 164-166.

[18] 陈文涛. 大数据时代计算机网络安全技术的优化策略 [J]. 网络安全技术与应用, 2023 (11): 157-158.

[19] 姜超. 基于大数据的计算机网络安全防范措施分析 [J]. 电子技术, 2023, 52 (11): 112-113.

[20] 暴占彪. 基于大数据背景下网络安全体系 [J]. 电子技术与软件工程, 2019 (03): 185-186.

[21] 曾莎莉. 新常态下数智化转型企业网络信息安全体系建设策略 [J]. 信息系统工程, 2022 (09): 111-114.

[22] 车健生. 控制论视域下局域网安全体系建设实践与研究 [J]. 电脑编程技巧与维护, 2020 (11): 147-149.

[23] 陈华清. 等保2.0下基层开放大学网络安全体系建设研究 [J]. 网络安全技术与应用, 2022 (09): 91-93.

[24] 程方, 杨露, 黄紫翎. 基于等保2.0标准下的网络安全体系设计与思考 [J]. 现代工业经济和信息化, 2022, 12 (12): 101-102.

[25] 刘跃鸿. 一种基于人工智能的多层次网络安全体系研究与设计 [J]. 网络安全技术与应用, 2021 (12): 30-31.

[26] 鲁翠柳. 网络安全体系与网络应用技术研究 [M]. 延吉: 延边大学出版社, 2019.

[27] 王颉, 王厚奎, 郑明, 等. 浅谈网络安全体系下的软件安全开发人才培养 [J]. 网络空间安全, 2020, 11 (01): 57-60.

[28] 闻帅, 梁云. 智慧校园环境下网络安全体系建设研究 [J]. 铜陵学院学报, 2022, 21 (03): 99-103.

[29] 高博. 基于大数据的计算机网络安全体系构建对策 [J]. 现代信息科技, 2020, 4 (12): 134-135, 139.

[30] 谷潇. 高校计算机网络安全体系构建研究 [J]. 今日财富 (中国知识产权), 2019 (05): 201.

[31] 马忠法, 胡玲. 论我国数据安全保护法律制度的完善 [J]. 科技与法律 (中英

文), 2021 (02): 1-7, 75.

[32] 谢永江. 论网络安全法的基本原则 [J]. 暨南学报（哲学社会科学版），2018 (06): 41-52, 124.

[33] 周经辉. 基于网络安全评估的信息安全保护算法研究 [J]. 长江信息通信，2022 (12): 152-154.

[34] 白冰. GABP 神经网络算法模型在计算机网络安全评估的应用研究 [J]. 自动化技术与应用，2022 (01): 83-86.

[35] 张文沛，熊小杰. 基于神经网络的计算机网络安全评价仿真模型研究 [J]. 数码世界，2020 (08): 263-264.

[36] 王野光. 计算机网络安全评价中神经网络的应用研究 [J]. 新闻传播，2019 (12): 113-114.